오일러가 들려주는 무한급수 이야기

수학자가 들려주는 수학 이야기 70

오일러가 들려주는 무한급수 이야기

ⓒ 최은미, 2009

초판 1쇄 발행일 | 2009년 6월 30일
초판 16쇄 발행일 | 2023년 11월 1일

지은이 | 최은미
펴낸이 | 정은영
펴낸곳 | (주)자음과모음

출판등록 | 2001년 11월 28일 제2001-000259호
주소 | 10881 경기도 파주시 회동길 325-20
전화 | 편집부 (02)324-2347, 경영지원부 (02)325-6047
팩스 | 편집부 (02)324-2348, 경영지원부 (02)2648-1311
e-mail | jamoteen@jamobook.com

ISBN 978-89-544-1614-6 (04410)

오일러가 들려주는

무한급수 이야기

| 최 은 미 지음 |

㈜자음과모음

수학자라는 거인의 어깨 위에서
보다 멀리, 보다 넓게 바라보는 수학의 세계!

수학 교과서는 대개 '결과'로서의 수학을 연역적으로 제시하는 경향이 강하기 때문에 학생들은 수학이 끊임없이 진화해 왔다는 생각을 하기 어렵습니다. 그렇지만 수학의 역사는 하나의 문제가 등장하고 그에 대해 많은 수학자들이 고심하고 이를 해결하는 가운데 새로운 아이디어가 출현해 온 역동적인 과정입니다.

〈수학자가 들려주는 수학 이야기〉는 수학 주제들의 발생 과정을 수학자들의 목소리를 통해 친근하게 이야기 형식으로 들려주기 때문에 학생들이 수학을 '과거완료형'이 아닌 '현재진행형'으로 인식하는 데 도움이 될 것입니다.

학생들이 수학을 어려워하는 요인 중의 하나는 '추상성'이 강한 수학적 사고의 특성과 '구체성'을 선호하는 학생의 사고의 특성 사이의 괴리입니다. 이런 괴리를 줄이기 위해서 수학의 추상성을 희석시키고 수학 개념과 원리의 설명에 구체성을 부여하는 것이 필요한데, 〈수학자가 들려주는 수학 이야기〉는 수학 교과서의 내용을 생동감 있게 재구성함으로써 추상적인 수학을 구체성을 갖는 수학으로 변모시키고 있습니다. 또한 중간중간에 곁들여진 수학자들의 에피소드는 자칫 무료해지기 쉬운 수학 공부에 있어 윤활유 역할을 할 수 있을 것입니다.

〈수학자가 들려주는 수학 이야기〉의 구성을 보면 우선 수학자의 업적을 개략적으로 소개하고, 6~9개의 강의를 통해 수학 내적 세계와 외적 세계, 교실 안과 밖을 넘나들며 수학 개념과 원리들을 소개한 후 마지막으로 강의에서 다룬 내용들을 정리합니다. 이런 책의 흐름을 따라 읽다 보면 각 시리즈가 다루고 있는 주제에 대한 전체적이고 통합적인 이해가 가능하도록 구성되어 있습니다.

〈수학자가 들려주는 수학 이야기〉는 학교 수학 교과 과정과 긴밀하게 맞물려 있으며, 전체 시리즈를 통해 학교 수학의 많은 내용들을 다룹니다. 예를 들어《라이프니츠가 들려주는 기수법 이야기》는 수가 만들어진 배경, 원시적인 기수법에서 위치적 기수법으로의 발전 과정, 0의 출현, 라이프니츠의 이진법에 이르기까지를 다루고 있는데, 이는 중학교 1학년의 기수법의 내용을 충실히 반영합니다. 따라서 〈수학자가 들려주는 수학 이야기〉를 학교 수학 공부와 병행하면서 읽는다면 교과서 내용의 소화 흡수를 도울 수 있는 효소 역할을 할 수 있을 것입니다.

뉴턴이 'On the shoulders of giants' 라는 표현을 썼던 것처럼, 수학자라는 거인의 어깨 위에서는 보다 멀리, 넓게 바라볼 수 있습니다. 학생들이 〈수학자가 들려주는 수학 이야기〉를 읽으면서 각 수학자들의 어깨 위에서 보다 수월하게 수학의 세계를 내다보는 기회를 갖기 바랍니다.

홍익대학교 수학교육과 교수 |《수학 콘서트》저자 **박 경 미**

세상의 진리를 수학으로 꿰뚫어 보는 맛
그 맛을 경험시켜 주는 '무한급수' 이야기

레온하르트 오일러는 1707년에 태어났습니다.

18세기에는 수학 발전에 공헌한 여러 수학자가 있었습니다. 그중에서도 오일러는 단연 가장 뛰어난 수학자였습니다. 그가 얼마나 많은 저서와 논문을 쓰고 다양한 연구를 했는지, 이 책을 읽으면 알 수 있을 것입니다. 뿐만 아니라 대부분 과학자나 수학자가 다소 이기적이고 생활에 둔감했던 모습과는 달리, 오일러가 인격적으로 얼마나 인자하고 훌륭한 사람이었는지도 알 수 있을 겁니다.

이 책에서는 오일러의 설명으로 무한의 덧셈을 배울 수 있습니다. 무한은 유한의 반대말이지만, 무한을 수학에서 다룬다는 것은 정말 어려운 일이었습니다. 왜냐하면 모든 사람은 단지 유한한 인생을 살기 때문이지요. 무한을 본 사람도 없고, 어떤 일을 무한히 계속해 본 사람도 없습니다. 그런데도 사람들은 기원전부터 무한이라는 것에 많은 관심을 가졌답니다. 다만 오래전 사람들은 무한이라는 개념을 신비롭고 두려운 대상으로 여겼습니다. 무한을 신(하나님)과 유사하다고 생각하여 수학적인 대상물에서 제외하기도 했는데, 유한한 인간이 무한을 계산한다는 것이 잘못되었다고 판단했기 때문이지요. 이는 제논의 역설이 많은 사람을 혼란스럽게 만든 이유이기도 합니다.

점차 인류의 지혜와 기술이 발달하면서 사람들은 무한을 계산해 보려고 노력하게 됩니다. 바로 거기에 오일러가 있었고, 또 오일러보다 근 150년 뒤에 태어나는 칸토어가 있어서 수학에서 무한을 다룰 수 있게 되었습니다.

$1 + \dfrac{1}{2} + \dfrac{1}{2^2} + \dfrac{1}{2^3} + \cdots$ 의 값은 무엇일까요?

$1 + \dfrac{1}{2} + \dfrac{1}{3} + \dfrac{1}{4} + \cdots,\ 1 - \dfrac{1}{2} + \dfrac{1}{3} - \dfrac{1}{4} + \cdots$ 의 값은 또 얼마일까요?

무한히 많은 값을 차례로 연산한다는 것은 생각보다 쉽지 않습니다. 오일러는 여기에 놀라운 수학적 아이디어를 내어서 이러한 문제를 해결합니다.

무한히 많은 수의 덧셈에 관한 오일러의 연구는 프랙탈이라는 새롭고 아름다운 모형으로 진화합니다.

이 책을 통해 위대한 오일러를 만나고 무한에 대한 오일러의 수학을 배울 수 있으면 참 좋겠습니다. 더 나아가 놀라움과 즐거움으로 수학의 아름다움을 경험하기 바랍니다.

2009년 6월 **최 은 미**

차례

 1 이 책은 달라요

　《오일러가 **들려주는 무한급수 이야기**》는 수학 역사에서 길이 남을 제논의 역설부터 시작합니다. 그리고 가장 현대적인 수학 이론 중 하나인 프랙탈 이론으로 이어집니다. 오일러의 친절하고 자세한 설명을 따라가면 2500년의 찬란한 수학을 여행할 수 있습니다. 특히 기하 도형을 사용한 급수 설명은 마치 마술의 한 장면을 보는 것 같은 흥미와 즐거움이 될 것입니다.

 2 이런 점이 좋아요

1 제논의 역설에서 나오는 아킬레스와 거북이의 달리기, 활 쏘는 흑기사의 이야기 등은 우리에게 많은 수학적 아이디어와 발상을 주는 재미있는 이야기입니다.

2 단순히 수학적 계산을 하고 공식에 대입하던 딱딱하고 지루했던 수열과 급수 내용을, 오일러의 설명을 들으면 '아하' 하고 누구나 쉽게 곧 따라올 수 있습니다.

3 이 책을 읽으면서 오일러가 말하는 단계를 자와 색연필 등을 준비해서 실습한다면 무한급수의 수렴과 발산 과정을 더욱 잘 이해할 수 있습니다.

4 가장 현대적인 수학 이론인 프랙탈을 보면서 무한급수의 즐거움을 더할 수 있습니다.

5 이 책에서 다루는 급수 이론은 중학교와 고등학교에서뿐만 아니라 대학교 수학 과정에서 다루는 아주 중요한 내용입니다. 지금 잘 배워 두면 나중에 큰 도움이 될 것입니다.

3 교과 과정과의 연계

구분	단계	단원	연계되는 수학적 개념과 내용
중학교	7-가	집합	기본적인 집합의 표현
	8-가	유리수와 소수	유한소수, 순환소수
	9-가	실수	실수의 개념
고등학교	10-가	집합과 명제	집합의 포함관계
	수 I	수열	(1) 등차수열과 등비수열 (2) 여러 가지 수열 (3) 수학적 귀납법 (4) 순환소수
		극한	(1) 무한수열의 극한 (2) 무한급수
대학교		무한급수	수렴과 발산, 테일러 급수

4 수업 소개

첫 번째 수업 _무한개의 양수를 더해도 무한대가 안 될 수 있다?

무한히 더한다는 문제에 대한 수학적 아이디어를 구성합니다. 무한히 더한다는 것이 어떤 의미인지를 생각합니다. 제논의 역설이 무엇을 말하는지 알아봅시다. 제논의 의견을 지지하는 내용과 반박하는 내용을 구성해 봅시다.

- 선수 학습 : 더하는 문제, 무한히 더하는 문제
- 공부 방법
- 아킬레스와 거북이의 달리기 시합으로 묘사되는 제논의 역설을 알아봅니다.
- 제논의 역설이 주장하는 의미를 생각해 봅니다.
- 제논의 역설이 갖는 문제점을 추측해 봅니다.
- 관련 교과 단원 및 내용
- 7-가, 8-가, 9-가의 집합, 유리수와 소수, 실수의 내용을 다시 배웁니다.
- 수학적 사고와 논리를 전개해 봅니다.
- 무한히 많은 수를 어떻게 연산할 수 있는지 생각해 봅니다.

두 번째 수업 _ 무한수열과 무한급수, 수렴과 발산
수열과 급수에 대한 기본적인 내용을 알아봅니다. 여러 종류의 수열과 급수 중에서 특별히 등차수열과 등비수열, 그리고 등차급수와 등비급수를 알아봅니다.

- 선수 학습 : 7-가의 집합 단원
- 공부 방법 : 집합 단원을 기억하면서 수열의 표시를 배웁니다.

- 관련 교과 단원 및 내용
- 수 I 의 등차수열과 등비수열, 등차급수와 등비급수의 정의를 배웁니다.
- 수 I 의 수열과 극한의 단원 내용을 배울 수 있습니다.

세 번째 수업 _무한등비급수

등비급수 정리로써 무한등비급수의 합을 계산하는 일반적인 방법을 배웁니다. 간단한 수학적 증명 방법을 알 수 있습니다. 급수의 수렴과 발산을 이야기합니다.

- 선수 학습 : 합Σ의 표시, 간단한 극한 표시와 계산법
- 공부 방법
- 유한합의 표시 $\sum\limits_{i=1}^{n}$와 무한합의 표시 $\sum\limits_{i=1}^{\infty}$를 배웁니다.
- 유한합과 무한합을 나타내는 기호 $\sum\limits_{i=1}^{n}$와 $\sum\limits_{i=1}^{\infty}$의 차이점을 생각해 봅니다.
- 관련 교과 단원 및 내용
- 수학 I 에서 유한합과 무한합을 나타내는 기호 $\sum\limits_{i=1}^{n}$와 $\sum\limits_{i=1}^{\infty}$의 차이점을 분별하고, 이 둘 사이의 관계를 표현하는 극한의 개념을 배웁니다.
- 수학 I 의 급수의 수렴과 발산을 판정하는 방법을 배웁니다.

네 번째 수업 _일반항 판정법과 헷갈리는 조화급수

급수의 수렴 성질을 조사하는 또 하나의 방법으로써, 일반항의 모습을 보면서 급수의 발산 성질을 확인할 수 있습니다. 여러 형태의 급수 중에서 특별히 조화급수라고 불리는 아름다운 급수에 대해 알아봅니다.

- 선수 학습 : 등차급수, 등비급수를 알고 있습니다
- 공부 방법
- 조화급수라는 이름을 갖게 된 이유를 조사해 봅니다.
- 조화급수를 기하로 표현해 보면서 자와 색연필을 사용하여 직접 실습해 봅니다.
- 관련 교과 단원 및 내용
- 일반항 판정법을 기억하며, 일반항 판정법의 역이 성립하는지를 조사합니다.
- 조화급수가 발산한다는 것을 확인해 봅니다.

다섯 번째 수업 _무한소수

무한소수가 무엇인지를 배우며, 더불어 순환소수에 대해서 알아봅니다. 순환되는 고리를 보면서, 무한소수를 분수로 표현하는 방법과 그 반대로 분수를 무한소수로 표현하는 방법을 배웁니다. 이로써 0.9999999999 $9999\cdots$는 1과 똑같다는 것을 알게 됩니다.

- 선수 학습 : 기본적인 소수와 분수의 관계

- 공부 방법
  - 소수를 분수로 표현해 봅니다.
  - 분수를 소수로 표현해 봅니다.
- 관련 교과 단원 및 내용
  - 8-가의 유리수와 소수 단원에서 유한소수, 순환소수의 관계를 배웁니다.
  - 수학I에서 무한소수를 무한등비급수로 표현하는 방법을 배웁니다.
  - 오일러를 대표하는 오일러 급수를 배웁니다.

여섯 번째 수업 _ 등비급수는 기하급수이다

사람들은 종종 등비급수를 기하급수라고도 부릅니다. 여기서 말하는 기하는 도형에 관련된 문제를 다루는 분야입니다. 이때, 등비급수를 기하급수라고 부르는 이유가 무엇인지를 배우게 됩니다. 그리고 시어핀스키 삼각형을 소개합니다.

- 선수 학습 : 집합의 포함관계
- 공부 방법 : 책에서 설명하는 순서에 따라 종이와 색연필 그리고 자를 준비해서 실습해 봅니다.
- 관련 교과 단원 및 내용
  - 도형을 작도해 봅니다.
  - 삼각형, 사각형, 원을 사용하는 기하 표현을 해 봅니다.

일곱 번째 수업 _ 여러 급수들

등비급수가 아닌 다른 급수들의 기하 표현을 배웁니다. 그중에서 등차급수의 기하 표현을 배웁니다. 특별히 교대급수와 라이프니츠 급수를 배우고 그것들의 기하 표현을 알아봅니다.

- 선수 학습 : 집합의 포함 관계, 등비급수의 기하급수 표현 방법
- 공부 방법 : 책에서 설명하는 순서에 따라 종이와 색연필 그리고 자를 준비해서 실습해 봅니다.
- 관련 교과 단원 및 내용
- 등차급수의 기하 표현을 배웁니다.
- 교대급수의 수렴과 발산을 조사하기 위해 기하 표현을 합니다.
- 라이프니츠의 아름다운 급수 표현을 배웁니다.

여덟 번째 수업 _ 급수의 응용

수학의 응용 부분을 배웁니다. 우리가 공부하는 수학은 일상생활과 동떨어진 것이 아닙니다. 수학의 내용은 우리 생활에서 항상 필요한 것이기 때문에 연구되고 발견된 것입니다. 이번 수업에서는 그동안 배워 온 급수가 어떻게 생활에서 응용되는지 알아보면서 수학이 우리 생활에 얼마나 필요한 것인지를 알아보려고 합니다. 마지막으로 니코마코스 Nikomachos 정리를 배웁니다.

- 선수 학습 : 그동안 배운 등차급수, 등비급수, 오일러 급수, 교대급

수 등을 기억합니다

- 공부 방법

- 체스판 이야기에서 등비급수가 얼마나 빠른 속도로 증가하는지를 봅니다.

- 대장균이 얼마나 빨리 증식하는지 급수를 사용하여 계산해 봅니다.

- 급수의 계산이 환자의 질병 치료에 필요한 것임을 배웁니다.

- 관련 교과 단원 및 내용

- 수 I 의 수열과 극한에 나오는 내용들의 응용을 배웁니다.

- 등차수열과 등비수열, 순환소수, 무한수열의 극한, 무한급수의 내용으로 실생활의 문제를 해결해 봅니다.

아홉 번째 수업 _ 기하급수의 진화와 제논의 역설

등비급수기하급수는 오일러 이후 200년가량 지나서 새로운 현대 수학으로 이어집니다. 새로운 기하학의 한 부분인 프랙탈 이론은 컴퓨터와 더불어 발전한 최신의 수학 이론입니다. 마지막 수업으로서, 첫 번째 수업의 주제였던 제논의 역설을 다시 생각합니다. 무한급수를 배움으로써 제논의 역설이 갖는 문제점을 이제는 해결할 수 있습니다. 제논은 단순히 거짓말을 늘어놓은 사람이 아닙니다. 제논은 인류가 그동안 모르고 있었던 무한의 개념을 문제로써 제시했던 사람입니다.

- 선수 학습 : 제논의 역설, 아킬레스와 거북이의 시합

- 공부 방법

– 아킬레스와 거북이의 시합으로 설명된 제논의 역설과 그 모순점을 찾아봅니다.

– 제논이 말한 또 다른 역설로써 화살 쏘는 문제를 생각해 봅니다.

- 관련 교과 단원 및 내용

– 무한수열의 극한과 무한급수를 되짚어 이해합니다.

오일러를 소개합니다

Leonhard Euler (1707~1783)

나는 스위스 바젤에서 태어났습니다.

어른이 되어서는 시각 장애인이 되지요.

그러나 스스로를 불행하다고 생각하지 않았답니다.

오히려 수학 · 천문학 · 물리학뿐만 아니라 의학 · 식물학 · 화학 등

더 많은 분야에 걸쳐 쉼 없이 연구했답니다.

그래서일까요?

수학 분야에서 미적분학을 발전시켜 변분학을 창시하였지요.

더불어 해석학의 체계를 세웠고,

대수학 · 정수론 · 기하학 등에서도 큰 업적을 남겼답니다.

sin, cos, tan 알고 있죠?

바로 이 삼각함수의 생략 기호를 내가 만들었답니다.

이 밖에도 '오일러의 정리' 등은 널리 알려졌답니다.

여러분, 나는 오일러입니다

안녕하세요. 나는 오일러입니다. 여러분은 내 이름을 이미 많이 들어 보았겠지요? 그래서 아주 간단히 나를 소개하겠습니다. 나는 1707년 스위스 바젤에서 태어났습니다. 어려서부터 수학 여러 분야에 많은 관심이 있었습니다. 목사님이던 아버지는 아들인 나에게 어릴 때부터 많은 것을 가르쳐 주었습니다. 나는 아버지께서 가까운 친구로 지냈던 베르누이 선생님께 부탁해서 공부할 수 있었습니다. 어려서부터 수학을 잘하기는 했지만 아버지의 영향으로 대학에서는 신학을 공부했습니다. 그런데 수학이 너무 재미있고 너무 좋았답니다. 수학을 공부하겠다고 했을 때 아버지는 처음에 반대하셨지만, 결국 아들의 뜻을 존중해 주었습니다.

나는 수학의 표기법이 얼마나 중요한지 잘 알고 있었습니다. 그래서 함수의 표현법인 $f(x)$, 수열의 합인 Σ, 허수를 나타내는 기호 i를 고안해 냈습니다. log, sin, cos 등의 수학 기호도 내가 고안한 것입니다. 그뿐 아니라 내가 처음 사용한 것은 아니지만 원주율을 나타내는 기호 π도 내가 잘 사용함으로써 수학에서 확고히 사용하게 되었답니다. 이것 말고도 여러분이 배우는 수학 교과서에는 내가 연구한 것들이 아주 많이 있어요. 자연로그 e, 오일러 함수 ϕ 등등…… 일일이 다 열거할 수 없을 정도랍니다.

내가 평생 발표한 수학 논문은 수백 편이 넘는답니다. 그래서 인류 역사상 가장 많은 수학 업적을 낸 사람으로 평가 받고 있어요. 나는 고국인 스위스뿐만 아니라 러시아와 독일을 오가며 많은 연구를 했습니다. 그러나 불행히도 나는 서른 살 때부터 시력이 많이 나빠졌답니다. 어떤 사람은 연구를 너무 많이 해서 그렇게 되었다고는 하는데, 글쎄요……. 여러분이 사는 지금처럼 좋

오일러가 들려주는 무한급수 이야기

은 의학 기술이 있었다면 시력을 회복했을지도 모르지요. 아무튼 나이가 들면서 거의 실명을 하게 되었지만, 내가 사랑하는 수학을 하는 데는 아무런 문제가 되지 않았답니다. 오히려 감사하게도 나는 기억력이 비상해서, 아주 어려운 계산도 거의 암산으로 해낼 수 있었답니다. 그러니까 여러분도 쉽게 포기하지 마세요. 아무리 환경이 어렵고 힘들더라도 스스로 노력함으로써 얼마든지 충분히 극복해 낼 수 있다는 것을 잊지 마세요. 자, 그럼 수업을 시작해 볼까요!

오일러가 들려주는 무한급수 이야기

무한개의 양수를 더해도 무한대가 안 될 수 있다?

무한히 많이 더한다는 것이 무엇을 의미하는지 살펴보고, 양수를 무한히 많이 더하면 무한이 되는지 알아봅니다.

1. 무한히 여러 번 연산한다는 것을 알아봅니다.

2. 아킬레스와 거북이 시합에 대한 제논의 역설을 통해 무한의 개념을 이해
   합니다.

미리 알면 좋아요

1. 무한히 여러 번 연산하는 표현 방법을 안다.

2. $1+1+1+1+1+1+\cdots$(무한 반복)$\cdots+1+\cdots=?$

   $1-1+1-1+1-1+\cdots=?$

   $1+\dfrac{1}{2}+\dfrac{1}{3}+\dfrac{1}{4}+\dfrac{1}{5}+\cdots=?$

   $1+\dfrac{1}{2}+\dfrac{1}{4}+\dfrac{1}{8}+\dfrac{1}{16}+\cdots=?$

오일러의
첫 번째 수업

　내가 여러분에게 들려줄 수 있는 수학 이야기는 무척 많지만,
첫 번째 수업에서는 덧셈 문제를 들려주려고 합니다. 더하는 문
제라니까 무척 쉬워 보이지요? 그래요. 설명을 잘 들으면 쉽게
이해도 되고 재미있기도 하답니다. 그러면 우선 여러분께 질문
하나 할게요. 어떤 유한한 숫자들을 무한히 여러 번 더하면 무한
이 될까요?

$$1+1+1+1+1+1+\cdots(\text{무한 반복})\cdots+1+\cdots=?$$

"그럼요, 선생님. 1을 무한히 더하면 무한이 될 거예요."

그래요. 이렇게 더해 준 값은 무한이 되겠지요. 그럼 다음 덧셈들은 어떨 것 같나요?

$$1-1+1-1+1-1+\cdots=?$$
$$1+\frac{1}{2}+\frac{1}{3}+\frac{1}{4}+\frac{1}{5}+\cdots=?$$
$$1+\frac{1}{2}+\frac{1}{4}+\frac{1}{8}+\frac{1}{16}+\cdots=?$$

쉬운 것도 같고, 알쏭달쏭하기도 하죠? 여러분에게 들려주고 싶은 이야기는 바로 이런 덧셈에 관한 것이에요. 오늘은 첫 시간이니까 재미있는 퀴즈로부터 시작해 봅시다. 이 퀴즈는 여러분도 많이 들어 보았을 것 같아요. 사람과 동물이 함께 어울려 살던 옛날 어느 때 이야기예요.

달리기의 명수라고 소문난 아킬레스는 만나는 모든 이들에게 달리기 시합을 하자고 했습니다.

오일러가 들려주는 무한급수 이야기

아킬레스Achilles는 그리스 신화의 영웅으로서 아버지 펠레우스는 인간이지만 어머니 테티스는 바다의 신 네레우스의 딸이었다. 테티스는 아킬레스가 태어나자 저승과의 경계를 흐르는 강물에 담가 칼이나 화살을 맞아도 몸에 상처를 입지 않게 했다. 이때 발뒤꿈치의 부분을 붙잡고 물에 담갔기 때문에 그 부분만은 물이 묻지 않아서 보통 사람과 같은 살로 남게 되었다. 즉 그 부분이 아킬레스의 유일한 약점이었다. 트로이 전쟁에 참가한 아킬레스는 그리스 군대에서 최고의 장수로 용맹을 떨쳤다. 그러나 그의 약점을 안 트로이의 왕자가 독 묻은 화살로 아킬레스 힘줄을 쏘았기 때문에 마침내 죽고 만다. 아킬레스 힘줄은 발뒤꿈치와 발목을 이어 주는 것으로써 보행에서 가장 중요한 부분이다.

 나와 달리기 시합을 할 사람 누구 없어요?

그러나 아킬레스가 뛰어난 선수라는 것을 모두 알고 있었기 때문에 어느 누구도 시합을 하려고 하지 않았습니다. 그런데 갑자기 저쪽 구석에서 거북이가 엉금엉금 걸어오더니 말했습니다.

🐢 나아랑 해 보옵시다.

주변 사람들은 거북이를 비아냥대며 웃습니다. 뭐? 거북이가 아킬레스와? 시합은 하나마나지.

그때 거북이가 말했어요.

🐢 다안 조건이 하아나 있어요오. 100m, 달리이기를 하는데, 내가, 다앙시인보오다, 10m, 앞서, 출발하아는 것으로 하압시이다.

아킬레스는 생각했어요. '10m쯤이야. 금세 거북이를 따라잡을 수 있다고.'

🐢 아킬레스 씨이. 다앙신이 아무리, 다알리기를, 자알한다 해도, 내가 10m만, 머언저 출발하면 다앙신은, 저얼대로, 나를, 따라아 잡을 수우가 없습니다.

👩 무슨 말을요. 나는 달리기의 명수라고요! 나는 당신같이

느린 거북이를 금세 이길 수 있다고요!

서로 이길 수 있다고 자신만만해 하는 거북이와 아킬레스. 그 둘을 옆에서 지켜보고 있던 흰 수염의 노인이 중얼거립니다.

🧔 아무렴. 거북이 말이 맞지. 아킬레스는 절대로 거북이를 이기지 못하고말고.

도대체 이 노인의 정체는 무엇일까요? 주변 사람들이 웅성거리면서 말을 합니다.

👧 이것 보세요. 할아버지. 왜 그렇게 이야기하는지 좀 설명해 보세요.

🧔 자! 들어 보시게. 거북이의 걸음이 아무리 늦더라도 아킬레스가 원래 거북이가 있던 곳까지 따라왔을 때 그동안 거북이는 얼마쯤은 전진해 있어서 여전히 아킬레스보다 앞서 있겠지.

사람들은 고개를 끄덕거리고 있습니다.

그건, 그래. 거북이가 아킬레스보다는 조금 움직였다 해도, 어쨌든 얼마쯤은 전진해 있는 거잖아?

노인은 계속 이야기를 합니다.

아킬레스가 다시 거북이가 있던 지점에 왔을 때도 거북이는 또 얼마쯤은 전진해 있어서 아킬레스보다 앞서 있을 거예요. 이렇게 계속 반복되기 때문에 아킬레스는 절대로 거북이를 추월할 수 없다는 거요. 다시 말해서 아킬레스가 A에서 뛰기 시작할 때, 거북이는 이미 B를 지나고 있고 다시 아킬레스가 B까지 달려오는 동안 거북이는 C까지 달리게 된다는 거지요."

사람들은 헷갈리기 시작했습니다.

할아버지가 설명하는 것을 들으니, 정말 그런 것 같은데? 아킬레스는 거북이를 이길 수 없는 게 확실한 것 같아. 근데…… 어떻게 그렇지? 뭔가 좀 이상해.

"할아버지의 말을 들으면 분명히 모순되는 점이 없는 것 같은데……. 그런데 거북이가 아킬레스를 이긴다고? 에이, 뭐가 뭔지……."

다음 장으로 ☞

여러분은 어떻게 생각하나요?

"오일러 선생님…… 잘 모르겠어요. 그런데 뭔가 수상해요."

결국 거북이와 아킬레스는 달리기 시합을 하기로 했습니다. 노인의 말대로 아킬레스는 정말 거북이를 이길 수 없을까요? 운동장에 가서 한번 실험해 보겠습니다.

지금 여기에 거북이도 없고, 또 아킬레스를 모셔올 수도 없으니까, 이렇게 하면 어때요? 거북이와 아킬레스 대신에, 걷는 사람과 자전거 탄 사람이 게임하는 것으로 하면…….

자. 자. 철수와 영수 두 명이 해 봅시다. 철수는 걷고, 영수는 자전거를 타도록 합시다. 이제 철수는 출발점 10m 앞에, 그리고

오일러가 들려주는 무한급수 이야기

자전거를 탄 영수는 출발점에 서 있습니다. 400m 운동장 한 바퀴를 도는 시합인데 누가 이길까요?

"보나마나 자전거를 탄 영수가 철수를 금방 추월하겠죠. 결승점에도 먼저 들어오지 않을까요? 그것처럼 아무리 거북이가 먼저 출발해도 아킬레스가 어느 순간에는 거북이를 앞서게 될 것이 분명해요."

그래도 학생들은 두 편으로 나뉘어서 영수와 철수를 각각 응원하기로 했습니다. 결과는 아주 빨리 나타나서, 학생들이 예측했던 것처럼 영수가 앞서기 시작했고, 결승점에도 먼저 도착했습니다. 미소 짓던 오일러는 경기에 들뜬 학생들에게 조금 심각하게 말합니다.

그런데 문제는 노인의 설명이 논리적으로 완벽해 보인다는 겁니다. 도대체 그 노인는 누구일까요? 아킬레스가 거북이를 이론적으로 결코 앞지를 수 없다고 하는 이유가 무엇일까요.

노인은 바로 제논Zenon이라는 사람이랍니다. 그는 그리스의 소피스트_{궤변학파}이며 매우 머리가 좋고 학식도 높았으나 성질이

괴팍하고 이상하여 그 당시의 대학자들의 학설을 꼬집어 비꼬기만 하였습니다. 앞에서 말한 퀴즈는 아킬레스와 거북이의 패러독스Achilles and the tortoise paradox라고 불리는 제논의 역설입니다. 이외에도 제논은 그 당시에 반박하기 어려운 여러 역설을 내놓아 당시의 상식에 도전하였으며 많은 사람을 당황하게 하였답니다.

제논의 패러독스는 일정한 공간이 무한히 분할될 수 있다는 것을 얘기합니다. 아킬레스와 거북이 사이를 계속 구간으로 나누어 아킬레스가 거북이를 따라가는 것이라는 생각입니다.

자, 이제 식으로 표현해 봅시다.

아킬레스가 거북이보다 10배 빠르다고 하고, 거북이가 10m 앞서 출발합니다. 아킬레스가 10m가는 동안 거북이는 1m 전진하며, 아킬레스가 1m가는 동안 거북이는 0.1m, 아킬레스 0.1m 가는 동안, 거북이는 0.01m 전진할 거예요. 그러므로 각각 이동한 총 거리를 계산할 수 있습니다.

$$\text{아킬레스의 이동 거리}: 10+1+\frac{1}{10}+\frac{1}{100}+\frac{1}{1000}+\cdots$$
$$\text{거북이의 이동 거리}: 1+\frac{1}{10}+\frac{1}{100}+\frac{1}{1000}+\cdots$$

이제 여기서 남는 문제는 이 무한개의 수를 더하는 것인데, 무한개의 양수를 무한히 더하면 그 값 또한 무한대가 될까요? 우리 속담에 티끌 모아 태산이라는 말이 있는데, 아주 적은 양수라도 계속 더하면 무한히 큰 값이 될까요?

제논은 기원전 490년에서 기원전 425년에 살았던 그리스 사람입니다. 지금 우리도 잠시 아리송한 것처럼, 기원전 그리스 사람들은 제논의 주장 때문에 몹시 머리 아파했답니다. 심지어 당대의 대표적 철학자이며 사상가인 아리스토텔레스조차도 제논의 논증이 너무나 머리 아픈 나머지 가치 없는 궤변으로 낙인찍어 버렸습니다. 제논은 사회의 이단아로 몰렸습니다. 그래서 그의 위대한 철학적 사유마저 조롱받았습니다. 제논의 역설을 우리 인간이 이해하고 해결하는 데는 무려 2천 5백 년의 세월이 필요하였답니다.

"와! 2천 5백 년이나요? 그렇게 어려운 문제인가요?"

글쎄요……. 나는 이 문제가 무척 재미있어서, 이에 관한 이론을 연구하기 시작했습니다. 코시가 수렴 이론을 연구하고, 칸토어가 무한집합 이론을 연구해서 최종적으로 제논의 역설을 해결하게 되었습니다. 특히 코시가 내놓은 수렴의 개념은 양의 정수의 무한합은 무한히 커질 것이라는 예측과 상식의 틀을 깨 버리고 말았습니다.

칸토어Cantor, 1845~1918는 독일 수학자로서 무한의 성질을 조직적으로 파헤쳐 보고자 집합 이론을 개발했다. '무한' 이라는 개념은 기원전 로마 시대에도 있었지만, 그 당시 무한이란 '유한' 의 반대말이었을 뿐이지 무한 자체로서 의미가 있는 것은 아니었다. 무한은 신의 영역이라고 생각하던 대부분의 수학자는 칸토어의 선구자적인 연구를 조롱했다. 엄청난 시련을 겪게 된 칸토어는 마흔 살 무렵부터 정신 이상 증세를 보였다. 주변의 비난뿐만 아니라 자신의 연구 결과를 스스로도 믿을 수 없어서 고민한 채 결국 정신병원에서 생을 마감했다. 그러나 칸토어의 집합론은 오늘날 모든 수학 분야에 영향을 끼쳤으며, 무한, 극한, 함수, 연속, 미적분의 모든 개념들이 재정립되면서, 우리는 칸토어의 집합 이론부터 현대 수학이라고 부른다.

코시Cauchy, 1789~1857는 수학자이자 수리 물리학자로서 프랑스 혁명이 일어났던 1789년 파리에서 태어났다. 어린 시절에는 아버지에게서 교육을 받다가, 열여섯 살에 대학에 입학해 공학을 전공하고 1807년 수석으로 졸업했다. 그

뒤 수학에만 전념하여 수학계에서 두각을 나타냈는데, 코시의 업적은 무척 방대하며, 무려 800편 정도의 논문을 써서 오일러와 함께 다작을 한 과학자로서 평가된다. 수학에 엄밀성을 도입했고, 과학을 통합하려고 시도했다. 이런 그의 노력은 근대 수학의 근간을 제공했다. 특히 무한수열의 수렴 조건에 관한 이론은 수학사에 길이 남을 업적이다. "사람은 죽어도 그의 행적은 남는다"는 말을 남겼으며, 1857년 예순여덟의 나이로 생을 마감했다.

▨ 역설을 통한 수학의 발전 - 유한과 무한의 사이에서

제논 시대의 사람들은 '극한'의 개념을 제대로 이해하지 못했던 거예요. $\frac{1}{2}+\frac{1}{4}+\frac{1}{8}+\frac{1}{16}+\cdots$ 처럼 영원히 더하면 무한히 커지는 것으로 생각한 것이지요. 제논 같은 궤변론자들은 앞의 식이 무한히 많은 양수를 무한히 더하는 것이라는 전제로 논리를 펴면서, 아무리 작은 값이라도 무한정 더하면 그 결과 또한 무한해진다는 논리를 주장한 것입니다. 그들이 수학의 극한 개념을 알았더라면 이런 궤변은 없었을 것이고 티끌같이 작은 수를 무한히 더해 가더라도 그 결과가 유한의 값이 될 수 있다는 것을 알 수 있었을 겁니다.

　다음 시간에는 무한개의 양수를 더해도 무한대가 안될 수 있다
는 것을 알아보려고 합니다. 또한 그 값을 계산해 보겠습니다.

오일러가 들려주는 무한급수 이야기

제논 시대의 사람들은 '극한'의 개념을 이해하기가 어려웠습니다. 아무리 작은 양의 값이라도 계속해서 더하면 무한히 커지는 것으로 생각한 것이지요. 그런데 만약 수학의 극한 개념을 알았더라면 이런 궤변은 없었을 것입니다. 이제부터 무한히 더해 가더라도 그 결과가 유한의 값이 될 수 있다는 것을 배울 것입니다.

무한수열과
무한급수,
수렴과 발산

급수가 수렴하는지 발산하는지 알아봅니다. 더불어 극
한을 사용한 유한급수와 무한급수의 관계 표현 방법을
알아봅니다.

1. 급수가 수렴하는지 발산하는지를 알아봅니다.

2. 극한을 사용한 유한급수와 무한급수의 관계 표현 방법을 알아봅니다.

$$S = \lim_{n \to \infty} S_n = \lim_{n \to \infty} (\sum_{n=1}^{n} a_k) = \sum_{k=1}^{\infty} a_k = \sum_{n=1}^{\infty} a_n$$

미리 알면 좋아요

1. 유한급수 표현 방법 $\sum_{n=1}^{k} a_n = a_1 + a_2 + a_3 + \cdots + a_k$

2. 무한급수 표현 방법 $\sum_{n=1}^{\infty} a_n = a_1 + a_2 + a_3 + \cdots$

오일러의
두 번째 수업

　여러분 안녕하세요. 오늘 여러분은 나와 함께 무한을 여행하며 무한을 계산할 것입니다. 지난 시간에 배운 제논의 역설을 기억하나요?

　"네, 선생님. 영수와 철수의 시합에서 확인했던 것처럼 아킬레스가 이길 것 같은데, 왜 제논은 거북이가 이긴다고 했을까요? 제논의 논리에 허점을 발견할 수가 없었어요. 그래서 오늘은 아킬레스와 거북이가 각각 이동한 거리를 정확히 계산해 보기로 했어요."

그래요. 수학적 논리를 잘 배움으로써 엉뚱한 논리를 펴지 않거나, 혹은 다른 사람의 이상한 논리에 휘말리지 않을 수 있답니다.

오늘은 수열과 급수라는 두 가지 개념을 소개하는 것으로 시작할게요.

▨ 수 열 과 급 수

어떤 일정한 법칙에 따라 차례로 얻어지는 수를, 순서에 따라 나열한 것을 수열이라 합니다. 일반적으로 수열을 나타낼 때는 각 항에 번호를 붙여 $a_1, a_2, \cdots, a_n, \cdots$과 같이 쓰고 제$n$항 a_n을 수열의 일반항이라 부르고 수열을 간단히 $\{a_n\}$로 나타내기도 하지요. 또한 수열 $\{a_n\}$의 합 $\sum\limits_{n=1}^{\infty} a_n = a_1 + a_2 + a_3 + \cdots$을 급수라고 부릅니다. 그런데 실제로 $a_1, a_2, \cdots$하여 1000개의 항을, 혹은 10000개의 항을, 심지어는 수많은 항을 무한 번 직접 더할 수는 없으므로, 무한히 여러 번 더하는 대신에 극한의 개념을 사용하게 됩니다.

수열 $\{a_n\}$의 n번째 항까지의 부분합을 $S_n = \sum\limits_{k=1}^{n} a_k$이라고 할 때,

오일러가 들려주는 무한급수 이야기

만약 $\{S_n\}$이 일정한 값 S에 무한히 가까워지면, 다시 말해서 다음과 같이 될 때, 급수가 S에 수렴한다고 하고 S를 그 급수의 합이라고 부릅니다.

$$S=\lim_{n\to\infty}S_n=\lim_{n\to\infty}\left(\sum_{k=1}^{n}a_k\right)=\sum_{k=1}^{\infty}a_k=\sum_{n=1}^{\infty}a_n$$

반대로 만일 {S$_n$}이 무한정 커지거나 일정한 값이 되지 않을 때, 무한급수는 발산한다고 합니다.

나는 이러한 무한수열을 무한히 여러 번 더하는 무한급수에 참 관심이 많았답니다.

$$1+\frac{1}{2}+\frac{1}{3}+\frac{1}{4}+\frac{1}{5}+\cdots$$

$$1+\frac{1}{3}+\frac{1}{6}+\frac{1}{10}+\frac{1}{15}+\cdots$$

$$x-\frac{x^3}{3!}+\frac{x^5}{5!}-\frac{x^7}{7!}+\frac{x^9}{9!}-\cdots$$

$$\frac{1}{2}+\frac{2^2}{2^2}+\frac{3^2}{2^3}+\frac{4^2}{2^4}+\frac{5^2}{2^5}+\frac{6^2}{2^6}+\cdots$$

이런 급수 중에는 아직도 풀리지 않은 것도 많이 있어요.

여러분도 한번 도전해 보지 않을래요?

▨ 등 차 수 열 과 등 차 급 수

수열의 종류는 상당히 여러 개가 있지만, 보통 많이 다루어지는 것으로서 등차수열과 등비수열이 있습니다.

등차수열이란 각 항에 일정한 값을 더해서 만들어진 수열로서,

오일러가 들려주는 무한급수 이야기

그 일정한 수를 공차라 불러요. 첫 항을 a, 공차를 d라 하면, 두 번째 항은 $a+d$, 그 다음 항은 $(a+d)+d=a+2d$가 되겠지요. 결국 다음과 같은 결과로 표시할 수 있게 되지요.

중요 포인트

등차수열

수열 : $a, a+d, a+2d, \cdots, a+(n-1)d, \cdots$
일반항 : 임의의 n번째 항 : $a_n = a+(n-1)d$
공차 : $d = a_n - a_{n-1}$

철수는 눈을 빤짝거리면서 손을 들고 질문했습니다.

"아. 그러면 선생님, $2+4+6+8+10+\cdots$는 등차수열인가요? 공차를 2로 하는?"

네. 그래요. 금세 이해했군요. 이러한 수열의 처음 n항까지 모두 합한 값 S_n을 어떻게 구할 수 있을까요? 첫 항이 a, 공차가 d, 그리고 제 n번째 항이 l인 등차수열은 다음과 같은 두 가지 방법으로 표시할 수 있답니다.

방법 1. 첫 항 a에 d만큼 계속 더하면 a, $a+d$, $a+2d$, $\cdots$, 그런데 마지막 항이 l이므로 그 바로 전 항은 $l-d$가 될 거예요. <small>첫 항부터 n번째 항까지 : a, $a+d$, $a+2d$, $a+3d$, $\cdots$, $l-d$, l (n개 항)</small>

방법 2. 마지막 n번째 항인 l부터 계속 d만큼 씩 빼면 l, $l-d$, $l-2d$, $\cdots$가 되지요. <small>n번째 항부터 첫 항까지 : l, $l-d$, $l-2d$, $l-3d$, $\cdots$, $a+d$, a</small>

따라서 n개 항의 합 S_n은

$$S_n = a+(a+d)+(a+2d)+(a+3d)+\cdots+(l-d)+l$$

이거나,

$$S_n = l+(l-d)+(l-2d)+(l-3d)+\cdots+(a+d)+a$$

로 표현되지요. 위의 두 식에 각각 대응하는 항끼리 더하면,

$$2S_n = (a+l)+(a+l)+(a+l)+\cdots+(a+l) = (a+l)n,$$

즉 $S_n = \dfrac{n(a+l)}{2}$ 이 됩니다. 한편, n번째 항 l은 $l=a+(n-1)d$이므로, 이것을 위의 결과 S_n에 대입하면 $S_n = \dfrac{n(a+l)}{2} = \dfrac{n\{a+a+(n-1)d\}}{2} = \dfrac{n\{2a+(n-1)d\}}{2}$ 을 얻게 되지요. 그래서 다음과 같이 표현됩니다.

오일러가 들려주는 무한급수 이야기

등차급수

첫 항이 a, 공차가 d, 제 n번째 항이 l인 등차수열의 첫 항부터 n항까지의 합은
$$S_n = \frac{n(a+l)}{2} = \frac{n\{2a+(n-1)d\}}{2}$$
이다.

그러면 조금 전에 철수가 질문했던 급수 $2+4+6+8+\cdots+100$의 합을 알아봅시다. 이 급수의 첫 항, 공차, 마지막 항, 항의 개수…… 이런 것들을 좀 말해 보세요.

"네. 각 항이 2만큼 늘어나고 있으니까, 공차가 2인 등차급수예요. 첫 항은 2이고 마지막 항은 100이에요. 그런데 항의 개수를 먼저 계산해야겠는데요?"

그래요. 항의 개수가 몇 개인지 잘 모를 때는 n번째 항의 관계식 $a_n = a+(n-1)d$을 사용할 수 있답니다. 예를 들어, 100이 이 급수에서 몇 번째 항인지를 알려면, 위 관계식 a_n에 100을 대입하면 됩니다. $100 = 2+2(n-1)$가 되고 이를 정리하면 $2(n-1)=98$이 됩니다. 이를 다시 정리하면 $n-1=49$가 됩니

다. 그러므로 $n=50$이 되지요. 항의 개수가 50개랍니다. 이제는 합을 구할 수 있을까요?

"네. $S_n = \dfrac{n(a+l)}{2}$ 이므로 $S_n = \dfrac{50(2+100)}{2} = 2550$이에요."

그래요. 참 잘했어요.

"그런데 선생님. $1+2+3+4+\cdots$도 등차급수인가요? 제 생각에는 공차가 1인 등차급수처럼 보이는데요."

네 맞아요. 등차급수예요. 어떻게 알 수 있었나요?

"선생님. 저는 다른 이야기책에서, 가우스라는 수학자 이야기를 읽었어요. 가우스가 무척 어릴 때 1부터 100까지의 합을 얼마나 빨리 구해냈는지를 보고 놀랐어요. 가우스는 1부터 100까지 덧셈을 하는데,

$$1+2+3+\cdots+50+51+\cdots+98+99+100$$

각각의 합이 모두 101이고, 그 값이 모두 50개이므로 $50 \cdot 101 = 5050$으로 계산했다는 것을 보았었거든요. 그럼 등차급수를 사용하면 5050이 역시 나올까요?"

오일러가 들려주는 무한급수 이야기

질문이 참 좋아요. 함께 계산해 볼까요? $1+2+3+4+\cdots+100$을 우리가 배운 등차급수로 생각해 봅시다. 첫 항이 1이고 마지막 항이 100이고 공차가 1이니까, 항의 개수 $100=1+(n-1)1$, 즉 $n=100$이지요. 그러면 합을 구할 수 있을 거예요.

"아! 네. 할 수 있어요. $1+2+3+4+\cdots+100=\dfrac{n(a+l)}{2}$ $=\dfrac{100(1+100)}{2}=50\cdot101=5050$이 나오는데요? 앗! 가우스의 계산과 똑같은 값이 되었어요. 50×101이라는 식도 똑같고요. 정말 신기해요."

가우스가 풀었던 방법을 이렇게 설명할 수도 있어요. 1부터 100까지 더하는데, 순서를 뒤집어 더해 보는 거예요.

$$
\begin{array}{l}
1+2+3+\cdots+100=\text{S} \\
100+99+98+\cdots+1=\text{S} \\
\hline
101+101+101+\cdots+101=2\text{S}
\end{array}
$$

그러면 $100\times101=2\text{S}$가 되어서 $\text{S}=\dfrac{100\times101}{2}=5050$이 되지요. 그러면 이런 방법으로 1부터 임의의 n까지 더하는 것을 할 수도 있어요.

$$
\begin{array}{l}
1+2+3+\cdots+n=\text{S} \\
n+(n-1)+(n-2)+\cdots+1=\text{S} \\
\hline
(n+1)+(n+1)+(n+1)+\cdots+(n+1)=2\text{S}
\end{array}
$$

따라서 $S = \dfrac{n(n+1)}{2}$ 이지요.

▨ 등 비 수 열 과 등 비 급 수

이제는 등비급수를 알아봅시다. 각 항에 일정한 값을 '더해서' 만든 수열을 등차수열이라 부른 것처럼, 등비수열은 각 항에 일정한 수를 '곱해서' 만든 수열을 말하며, 그 일정한 수를 공비라 합니다. 첫 항을 a, 공비를 r이라고 해 봅시다. 그러면 다음과 같이 됩니다.

중요 포인트

등비수열

수열 : $a,\ ar,\ ar^2,\ \cdots,\ ar^{n-1}$

일반항 : 임의의 n번째 항 : $a_n = ar^{n-1}$

공비 : $r = \dfrac{a_{n+1}}{a_n}$

등비수열의 예제를 생각할 수 있을까요?

"네. $1,\ 2,\ 2^2,\ 2^3,\ 2^4,\ \cdots$는 첫 항을 1로 하고 공비를 2로 하는 등비수열이 되어요."

오일러가 들려주는 무한급수 이야기

자, 그럼 이러한 수열의 첫 항부터 n항까지 모두 합한 값 S_n을 어떻게 구할 수 있을까요? 첫 항에서 제n항까지의 합 S_n은 $S_n = a + ar + ar^2 + ar^3 + \cdots + ar^{n-1}$이 됩니다. 여기에다가 공비 r을 양변에 곱하면, $rS_n = ar + ar^2 + ar^3 + \cdots + ar^{n-1} + ar^n$이 됩니다. 어떤가요? 두 식을 비교해 보면 상당히 많은 부분이 일치하는 게 보이나요?

"네. 처음 식의 첫째 항과 두 번째 식의 마지막 항을 제외하고는 나머지 모든 항이 똑같아요."

그래요. 이제 두 식의 차이를 알아보기 위해 $S_n - rS_n$을 계산하면, $(1-r)S_n = a - ar^n = a(1-r^n)$과 같이 표현할 수 있게 되지요. 여기서 $r \neq 1$이라면, $S_n = \dfrac{a(1-r^n)}{1-r}$이 되지만 $r = 1$이면 $S_n = a + a + a + \cdots + a = na$가 된답니다.

중요 포인트

등비급수

첫 항이 a, 공비가 r인 등비수열에서 첫 항에서 제n항까지의 합 S_n은

① $r \neq 1$일 때 $S_n = \dfrac{a(1-r^n)}{1-r}$ ② $r = 1$일 때 $S_n = na$

정말 우리가 잘 이해했는지 한번 계산해 볼까요?

급수 $2+20+200+2000+20000+\cdots+2000000000$을 구해 봅시다. 이 급수의 첫 항과 공비와 항의 개수를 알 수 있나요?

"네. 첫 항은 2이고 공비는 $r=10$이에요. 그런데 마지막 항이 $2000000000=2\cdot10^9$이니까, 항의 개수 n은 10이에요."

그래요 잘했어요. 그러면 합을 구할 수 있나요?

"$r=10\neq1$이니까, $S_n=\dfrac{a(1-r^n)}{1-r}$을 이용하면 될 것 같아요. $S_{10}=\dfrac{2(1-10^9)}{1-10}=\dfrac{2(999999999)}{9}=222222222$이에요. 무척 큰 수예요."

"선생님, 좀 궁금한 것이 있어요. 급수 $2+2+2+\cdots$는 등차급수인가요? 등비급수인가요? 첫 항이 2이며 공차가 0인 등차급수처럼도 보이고, 공비가 1인 등비급수처럼도 보이는데요."

그래요. 두 가지 경우로 다 해 봅시다. 영수는 등차급수로 생각해 보고, 영희는 등비급수로 생각해서 계산해 봅시다.

"공차가 $d=0$인 등차급수라면 첫 항부터 n항까지의 합은 $S_n=\dfrac{n(a+l)}{2}=\dfrac{n(2+2)}{2}=2n$이에요."

"공비가 $r=1$인 등비급수로 이해한다면, 첫 항부터 n항까지의 합 $S_n=n2=2n$이 돼요."

오일러가 들려주는 무한급수 이야기

결국 같은 값을 갖는 것을 볼 수 있죠. 그러므로 이런 급수는 등차급수이면서 등비급수도 된답니다. 자, 궁금한 것은 처음부터 n번째 항까지 더하는 덧셈이 아니라, 무한히 많은 항을 더한 값은 어떨까 하는 거였어요. 예를 들어 다음의 급수의 값이 궁금해지지 않나요?

다음 장의 급수를 보면 공비 r이 중요한 역할을 하는 것으로 보이나요? 어떻게 생각해요?

공비 r	예제
10	① $2+20+200+2000+20000+\cdots$
$\dfrac{1}{3}$	② $9+3+1+\dfrac{1}{3}+\dfrac{1}{9}+\cdots$
$\dfrac{1}{10}$	③ $9+0.9+0.09+0.009+0.0009+\cdots$
1	④ $5+5+5+5+\cdots$
$-\dfrac{1}{2}$	⑤ $1-\dfrac{1}{2}+\dfrac{1}{4}-\dfrac{1}{8}+\dfrac{1}{16}-\dfrac{1}{32}+\cdots$
-1	⑥ $4-4+4-4+4-4+\cdots$

"그런 것 같아요. ①처럼 공비 r이 1보다 크면, 급수의 항 값은 점점 커지게 되어서, 무한 번 더하면 무한히 큰 값이 될 것 같아요. 그런데 ②이나 ③처럼, 만약 r이 0보다는 크고 1보다 작으면, 급수의 항은 점점 작아져서 0에 점점 가까워지지요. ④처럼 만약 r이 1이 되면, 모든 항은 항상 똑같아요. ⑤나 ⑥처럼, r이 음수라면 각 항의 부호는 +, −가 교대로 나오고요."

그래요. 우선 쉬운 것부터 시작해 봅시다. 공비가 $\dfrac{1}{2}$인 무한등비수열의 합 $1+\dfrac{1}{2}+\dfrac{1}{4}+\dfrac{1}{8}+\cdots$은 얼마일까요? 이해하기 쉽게 그림으로 설명해 볼게요. 각 변의 길이가 1인 정사각형이 있

오일러가 들려주는 무한급수 이야기

어요. 면적은 얼마인가요?

"가로 곱하기 세로이니까, 면적은 1이에요."

이 사각형의 가로 길이는 그대로 두고 세로 길이만 반으로 줄여 봅시다. 그러면 면적이 $\frac{1}{2}$이지요. 다시 한 번 이 사각형의 세로 길이는 그대로 두고 가로 길이만 반으로 줄여 봅시다. 면적이 얼마인가요?

"네, 처음 것과 비교해서 가로 길이와 세로 길이가 각각 $\frac{1}{2}$이므로, 면적은 $\frac{1}{4}$이에요."

그렇습니다. 이제 이런 방법으로 계속 가로의 길이만, 혹은 세로의 길이만 반씩 줄여나가면, 각각 면적인 $\frac{1}{8}$, $\frac{1}{16}$, …인 사각형이 만들어질 거예요.

그러면 면적 1인 정사각형과 면적이 $\frac{1}{2}$인 정사각형, 그리고 면적이 $\frac{1}{4}$, $\frac{1}{8}$, …인 정사각형을 앞장 좀 전의 그림처럼 다시 배열하면, 우리가 알고 싶은 등비수열의 합은 정사각형 두 개의 면적과 같아지네요.

오일러가 들려주는 무한급수 이야기

"와, 진짜 그래요. 정말 신기해요. 그러면 선생님 공비가 $\frac{1}{2}$인 등비수열의 합 $1+\frac{1}{2}+\frac{1}{4}+\frac{1}{8}+\cdots$을 두 정사각형의 면적인 2의 값으로 수렴한다고 말할 수 있네요?"

네, 그렇답니다. 그러면 공비가 1인 등비수열의 합 $3+3+3+3+\cdots$은 어떨까요?

"계속해서 3만큼 더해 가므로 이 값은 무한대로 발산하는 것을 쉽게 볼 수 있어요."

네. 그래요. 그렇다면 공비가 -1인 등비수열의 합 $3-3+3-3+\cdots$은 어떨까요. 이것은 조금 어려운 문제일까요?

"0인지, 3인지……. 어떤 것인지 잘 모르겠어요."

학생들이 혼란스러워하는 것처럼 보였습니다. 오일러 선생님은 부드러운 표정으로 말하였습니다.

그래요. 더하는 항이 개수가 짝수 개이면 급수의 값은 $(3-3)+(3-3)+\cdots=0+0+\cdots=0$이 되고, 항의 개수가 홀수 개이면 $3+(-3+3)+(-3+3)+\cdots(-3+3)=3+0+0+\cdots=3$이 되어, 일정한 값으로 수렴한다고 말할 수 없어요.

"아. 선생님 그럼 발산하겠네요?"

오일러 선생님은 아주 흐뭇했습니다.

지금까지 본 것처럼, 등비수열의 합은 어떤 때는 수렴하고 어떤 때는 발산한답니다. 다시 말해 무한히 많이 더할 때에 그 값이 무한대가 되는 때도 있고, 유한의 값인 때도 있고, 값이 일정하지 않은 때도 있다는 겁니다.

수학자들이 즐거워지는 때가 되지요. 아. 뭔가를 해야 되겠구나. 어떤 때는 수렴하고 어떤 때는 발산하는지를 잘 알아봐야겠구나 라는 생각이 수학자에게 들게 합니다. 그럼 다음 시간에는 무한등비급수의 합을 구하는 방법을 공부하겠습니다.

두번째

수업 정리

등비수열의 합은 어떤 때는 수렴하고 어떤 때는 발산하기도 합니다. 다시 말해 무한히 많이 더하면 그 값이 무한대가 되는 때도 있고, 유한의 값인 때도 있고, 값이 일정하지 않은 때도 있습니다.

무한등비급수

등비급수는 언제 수렴하는지, $1-1+1-1+1-1+\cdots$의 값은 무엇인지 알아봅니다.

1. 등비급수는 언제 수렴하는지 알아봅니다.

2. $1-1+1-1+1-1+\cdots$의 값은 무엇인지 알아봅니다.

미리 알면 좋아요

1. 공비, 공차에 대한 개념을 잘 가지고 있습니다.

2. 등비급수의 합을 계산하는 형태를 잘 기억합니다.

오일러의
세 번째 수업

　오일러 선생님은 오늘도 반가운 마음으로 학생들을 만나러 들
어왔습니다. 학생들은 무한 번 덧셈하는 것에 대한 궁금함과 기
대감으로 오일러 선생님을 기다리고 있습니다. 선생님이 막 수업
을 시작하려고 하는데, 민수가 먼저 손을 들었습니다.

　"선생님 질문이 하나 있어요. 예를 들어 1, 4, 7, 10, …은 등차
수열이라고 하셨잖아요. 이 수열에서 예를 들어 첫 항부터 10번

째 항까지의 합을 구하려면, 수열이 1, 4, 7, 10, 13, 16, 19, 22, 25, 28이니까, 이 수열의 합은 $1+4+7+10+13+16+19+22+25+28=145$으로 계산할 수 있지 않나요? 그런데 왜 복잡하게 $S_{10}=\dfrac{10(1+28)}{2}=5\cdot29=145$로 계산을 해야 하죠? 오히려 더 어려운 거 아닌가요."

오일러가 들려주는 무한급수 이야기

▨산술적 방법과 수학적 방법

참 좋은 질문이에요. 지금 민수가 말한 것처럼, 10번째 항까지의 합을 구하려면 항 10개를 그냥 더하는 것이 더 쉬울 수도 있어요. 그런데 만약 12345번째 항까지 더해야 한다면, 1, 4, 7, 10, 13, 16, 19, 22, 25, 28, … 다음에 12345번째 항을 다 구해서 더하려면 얼마나 힘들겠어요. 오히려 관계식 $a_n = a + (n-1)d$ 를 사용하면 그 값을 쉽게 구할 수 있습니다.

12345번째 항 $a_{12345} = 1 + (12345 - 1)3 = 37033$. 그러므로 $S_{12345} = \dfrac{12345(1+37033)}{2} = 228592365$임을 알 수 있습니다.

하나, 둘, 셋, 넷…… 세어서 답을 구하는 것은 '산술적 방법'이라고 해요. 거기에 비해 '왜'라는 의문을 가지고 접근하는 것을 '수학적 방법'이라고 합니다. 산술적 방법이 처음에는 쉬워 보일 수 있으나 과정이 늘어날수록 급속히 어려워지게 됩니다. 그러나 수학적 방법은 수가 늘어나도 기본 원리는 같으므로 문제를 보다 쉽게 해결할 수 있는 거지요. 이것이 수학적 방법의 장점이자, 재미있는 부분이라고 생각해요.

지난 시간에 배운 수열, 급수, 수렴, 그리고 발산을 잘 기억하고 있나요? 무한급수의 합 S를 계산할 때는 우리가 무한 번 무한정 더할 수 없으므로, 유한 번 더한 합 S_n의 극한으로서 표현한다고 했어요. 노트에 한번 써 보세요.

　모든 학생은 자신의 노트에 다음과 같이 썼습니다.

$$\sum_{n=1}^{\infty} a_n = S = \lim_{n \to \infty} S_n = \lim_{n \to \infty} \left(\sum_{k=1}^{n} a_k \right)$$

　오늘은 이러한 무한급수의 값을 구하는 구체적인 방법을 알아보겠습니다.

▨ 무 한 등 비 급 수 의　합

　등비수열 $\{a_n\} = \left\{ 1, \dfrac{1}{2}, \dfrac{1}{4}, \dfrac{1}{8}, \cdots \right\}$에서 제1항부터 n항까지 합 S_n은 다음과 같지요.

$$S_1 = a_1 = 1$$
$$S_2 = a_1 + a_2 = 1 + \frac{1}{2}$$
$$\vdots$$

오일러가 들려주는 무한급수 이야기

그런데 첫 항이 1이고 공비가 $\frac{1}{2}$이므로, n항까지 합은

$S_n = \frac{a(1-r^n)}{1-r}$에 의해 $S_n = a_1 + a_2 + \cdots + a_n = 1 + \frac{1}{2} + \cdots$

$+ \frac{1}{2^n} = \frac{1\left\{1-\left(\frac{1}{2}\right)^n\right\}}{1-\frac{1}{2}} = \frac{1-\frac{1}{2^n}}{\frac{1}{2}}$ 이므로 $\sum_{n=1}^{\infty} a_n = S = \lim_{n \to \infty} S_n =$

$\lim_{n \to \infty} \frac{1-\frac{1}{2^n}}{\frac{1}{2}} = \frac{1}{\frac{1}{2}} = 2$가 됩니다.

"그러면 무한등비급수 $1 + \frac{1}{2} + \frac{1}{4} + \cdots + \frac{1}{2^n} + \cdots$이 2라는 뜻인가요?"

네. 그렇답니다.

n이 자꾸 커지면 2^n도 무한히 커지므로 $\frac{1}{2^n}$은 0의 값으로 된다.

지난 시간에 두 개의 정사각형을 이어 붙인 도형 생각나세요?

"네, 선생님. 다음과 같이 생긴 도형 말씀하시는 거지요? 아! 그때도 이 도형의 면적이 2였어요. 똑같은 값이네요?"

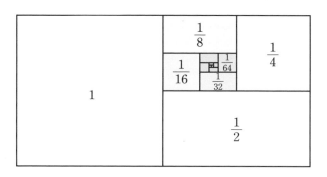

그래요. 동일한 결과가 만들어졌답니다. 그러면 급수 $\sum\limits_{n=1}^{\infty}\left(\dfrac{1}{3}\right)^{n}$ 은 수렴할까요? 발산할까요? 선생님이 힌트를 줄 테니 잘 듣고 풀어 보세요.

힌트 ① : 우선 제1항부터 n항까지의 부분 합 S_n을 구하세요.

"네. 등비급수 n항까지의 합은,

$$S_n = \frac{1}{3} + \frac{1}{3^2} + \cdots + \frac{1}{3^n} = \frac{\dfrac{1}{3}\left\{1-\left(\dfrac{1}{3}\right)^{n}\right\}}{1-\dfrac{1}{3}} \text{ 이에요."}$$

힌트 ② : 자 그러면 $\lim\limits_{n\to\infty}\left(\dfrac{1}{3}\right)^{n}$ 의 값을 먼저 알아봅시다.

"$\lim\limits_{n\to\infty}\left(\dfrac{1}{3}\right)^{n} = \lim\limits_{n\to\infty}\dfrac{1}{3^n}$ 인데, n이 자꾸 커지면 3^n은 더 빨리 커져서 결국 $\dfrac{1}{\infty}$ 의 형태가 되어 $\lim\limits_{n\to\infty}\left(\dfrac{1}{3}\right)^{n}=0$이 돼요."

잘했어요. 이제는 S_n의 극한을 구할 거예요. 만약 극한값이 존재하면 급수는 '수렴' 한다고 말할 수 있고, 바로 그 극한의 값이 무한급수의 합이 되지요. 만약 극한값이 존재하지 않으면 급수는 '발산' 하게 됩니다.

힌트 ③ : S_n의 극한값을 계산해 봅시다.

"아, 앞에서 계산한 결과 $S_n = \dfrac{\frac{1}{3}\left\{1-\left(\frac{1}{3}\right)^n\right\}}{1-\frac{1}{3}}$ 과 $\lim\limits_{n\to\infty}\left(\dfrac{1}{3}\right)^n = 0$

을 이용하면 되겠네요? 음,

$$S = \lim_{n\to\infty} S_n = \lim_{n\to\infty} \frac{\frac{1}{3}\left\{1-\left(\frac{1}{3}\right)^n\right\}}{1-\frac{1}{3}} = \lim_{n\to\infty} \frac{\frac{1}{3}}{1-\frac{1}{3}} = \frac{1}{2}$$ 이 되니

까, 급수는 수렴하고…… 수렴값은 $\dfrac{1}{2}$ 이에요!"

학생들은 비록 선생님의 힌트를 따라 하기는 했지만, 자신들이 스스로 문제를 풀어낸 것에 대해 상당히 으쓱으쓱 하는 표정입니다. 오일러 선생님도 아주 기분이 좋습니다.

그래요. 쉬운 문제라도 스스로 해결하는 노력과 연습을 하다 보면 점점 더 수학을 잘할 수 있게 된답니다. 이제 우리는 무한등비급수의 수렴 판정에 대해 다음의 정리를 생각할 수 있어요.

무한등비급수 정리

공비를 r로 하는 $S = a + ar + ar^2 + \cdots + ar^{n-1} + \cdots$
$(a \neq 0)$이 있을 때,

(1) 만약 공비가 $|r| < 1$이면 무한등비급수 S는 $\dfrac{a}{1-r}$에
수렴한다.

(2) 만약 공비가 $|r| \geq 1$이면 무한등비급수 S는 발산한다.

증명을 확인하고 싶은 사람은 다른 수학 책을 찾아보면 돼요.

"선생님. 그러니까, 지난 시간에 선생님이 말씀하신 것처럼, 공비의 크기가 등비급수의 합을 계산하는 데 아주 중요한 역할을 하네요?"

네, 그렇답니다. 예제 하나를 풀어 볼까요? 급수 $1 - \dfrac{1}{2} + \dfrac{1}{4} - \dfrac{1}{8} + \cdots + (-1)^{n+1}\dfrac{1}{2^{n-1}} + \cdots$의 합을 찾아보세요.

"이 급수는 첫 항이 1이고, 공비가 $-\dfrac{1}{2}$인 무한등비급수네요. 그런데 $|r| = \left|-\dfrac{1}{2}\right| = \dfrac{1}{2} < 1$이니까…… 무한등비급수 정리에 의해 급수의 합은 $S = \dfrac{1}{1 - \left(-\dfrac{1}{2}\right)} = \dfrac{2}{3}$가 되어요."

그래요. 이제 쉽게 할 수 있지요? 그러면 선생님이 여러분에게 질문 하나 할게요. 지난 시간에 급수 $1-1+1-1+1-1+\cdots$ 의 수렴 여부에 대해 공부했었는데, 이 급수는 수렴했나요?

"아, 기억나요. 이 급수는 수렴하지 않았어요. 왜냐하면 부분합을 구하면 $S_1=1$, $S_2=1-1=0$, $S_3=1-1+1=1$, …이 되므로 주어진 급수는 발산한다고 하셨어요."

급수 $S=1-1+1-1+1-1+1-\cdots$은 무척 재미있는 성질을 가지고 있답니다. 종종 그란디Grandi 급수라고도 불리는데, $S=1-1+1-1+1-1+1-\cdots=\sum_{n=1}^{\infty}(-1)^{n+1}$로 표현되지요. 앞서 본 것처럼, $S=(1-1)+(1-1)+(1-1)+\cdots=0+0+0+\cdots=0$, 이것은 $S=1+(-1+1)+(-1+1)+(-1+1)+\cdots=1+0+0+0+\cdots=1$로도 표현되어, 급수의 합이 0으로도 1로도 표현되므로, 발산이라고 말했습니다.

그란디Grandi, 1671~1742는 이탈리아 성직자로서 수학자이며 철학자이다.

자. 그럼 이런 생각은 어떤가요? $S=1-1+1-1+\cdots$에서 $1-S$을 계산해 봅시다.

$1-S=1-(1-1+1-1+\cdots)$, 그런데 이 식의 오른쪽 괄호를 풀어내면 다시 $1-1+1-1+\cdots$의 형태가 나오지요? 그래서

오일러가 들려주는 무한급수 이야기

$1-\mathrm{S}=1-(1-1+1-1+\cdots)=1-1+1-1+\cdots=\mathrm{S}$이지요. 그러므로 $1-\mathrm{S}=\mathrm{S}$, 즉 $2\mathrm{S}=1$이 되므로 $\mathrm{S}=\frac{1}{2}$이 됩니다.

"어? 그럼 뭐예요. 급수 $1-1+1-1+1-1+1-\cdots$의 합은 0도 되고, 1도 되고, 또 $\frac{1}{2}$도 된다는 말씀이네요?"

그래 보이지요? 그러나 사실 $\mathrm{S}=1-1+1-1+\cdots$의 값은 0이거나 1이에요. 여기서 $\frac{1}{2}$라는 값은 또 다른 의미를 갖게 됩니다. 발산하는 급수에 대해서 케사로Cesaro의 합이라는 새로운 개념이 만들어지기 때문입니다. 케사로의 합은 조금 더 많은 수학을 배운 뒤에 알 수 있습니다.

마지막으로 예제 하나 더 하고 수업을 마치겠습니다.

급수 $1-2+4-8+\cdots$는 수렴하나요? 발산하나요?

"이 급수는 공비가 -2인 무한등비급수인 게 분명해요. 그런데 $r=-2$의 절댓값인 $|r|=2$가 1보다 크기 때문에, 무한등비급수 정리에 의해 이 급수는 발산해요."

"오일러 선생님, 공비가 얼마나 중요한 역할을 하는지 이젠 정말 확실히 알 것 같아요."

그래요. 이제는 누구나 알 수 있겠지요? $1+2+4+8+\cdots$이나 $1+1+1+1+\cdots$은 각각 공비가 2와 1인 급수이므로 모두 발산하는 급수랍니다. 이 경우는 급수의 합이 무한∞이 되지요.

"오일러 선생님. 그동안 등차급수나 등비급수에 관해 배웠는데, 그러면 다른 급수는 어떤 것들이 있나요? 그런 것들의 수렴과 발산을 어떻게 알 수 있나요?"

궁금하죠? 다음 시간에 배울 내용이 바로 그거랍니다. 그럼, 다음 시간에 다시 만나요.

세번째
수업 정리

① 하나, 둘, 셋, 넷…… 세어서 답을 구하는 것은 '산술적 방법'이라고 해요. 거기에 비해 '왜'라는 의문을 가지고 접근하는 것을 '수학적 방법'이고 합니다. 산술적 방법이 처음에는 쉬워 보일 수 있으나 과정이 늘어날수록 급속히 어려워지게 됩니다. 그러나 수학적 방법은 수가 늘어나도 기본 원리는 같으므로 문제를 쉽게 해결할 수 있습니다. 이것이 수학적 방법의 장점이자, 재미있는 부분이라고 생각합니다.

② 공비를 r로 하는 $S = a + ar + ar^2 + \cdots + ar^{n-1} + \cdots$(단, $a \neq 0$)가 있을 때, 만약 공비가 $|r| < 1$이면 무한등비급수 S는 $\dfrac{a}{1-r}$에 수렴합니다. 그러나 만약 공비가 $|r| \geq 1$이면 무한등비급수 S는 발산합니다.

일반항 판정법과 헷갈리는 조화급수

일반항 판정과 일반항 판정의 역을 알아봅니다. 일반항 판정의 역의 문제를 해결하기 위한 조화급수가 무엇인지 알아봅니다.

1. 일반항 판정을 알아봅니다.

2. 일반항 판정의 역을 알아봅니다.

3. 일반항 판정의 역의 문제를 해결하기 위해 조화harmonic 급수를 알아봅니다.

미리 알면 좋아요

1. 수렴과 발산의 개념을 알고 있습니다.

   명제 : A이면 B이다.

   대우 명제 : B가 아니면 A가 아니다.

2. 명제에 대한 대우 명제가 무엇인지 알고 있습니다.

3. 명제에 대한 역의 명제가 무엇인지 알고 있습니다.

   명제 : A이면 B이다.

   역의 명제 : A가 아니면 B가 아니다.

오일러의
네 번째 수업

"오일러 선생님 안녕하세요."

오늘은 학생들이 선생님을 보자마자 반가워서 먼저 인사를 합니다. 벌써 네 번째 만남이 되니까 학생들이 선생님을 좋아하게 되었습니다. 오일러 선생님은 그 평판대로 항상 인자하고 학생들에게 많은 이야기를 들려주려고 한답니다.

안녕하세요. 우리 이번 시간에는 무엇을 배운다고 했었지요?

"등차급수나 등비급수가 아닌 보통의 급수에 대해 배운다고 하셨어요."

그래요. 그동안 우리는 주로 다음과 같은 등차급수나 등비급수에 관해 이야기해 왔어요.

$$1+2+3+4+\cdots$$

$$1-1+1-1+1-1+1-\cdots+(-1)^{n+1}+\cdots$$

$$1-\frac{1}{2}+\frac{1}{4}-\frac{1}{8}+\cdots+(-1)^{n+1}\frac{1}{2^{n-1}}+\cdots$$

$$1+2+4+8+\cdots+2^{n-1}+\cdots$$

그런데 등차급수나 등비급수가 아닌 급수로서 아마도 제일 쉽게 볼 수 있는 것이 $1+\frac{1}{2}+\frac{1}{3}+\frac{1}{4}+\cdots$같은 형태의 급수일 거예요. 이 급수는 등차급수도 아니고, 등비급수도 아니에요. 이런 급수의 값을 결정할 수 있는지 없는지는 어떻게 알 수 있을까요?

▨일반항 판정법

아주 좋은 판정법이 있는데 일반항 모양을 보고 급수가 발산하

오일러가 들려주는 무한급수 이야기

는지를 알아낼 수 있답니다. 예를 들어 만약 급수 $\sum\limits_{n=1}^{\infty} a_n$이 수렴한다고 해 볼까요? 이것은 어떻게 수식으로 표현하나요?

"네, 저희가 이미 배운 대로, $\sum\limits_{n=1}^{\infty} a_n = S = \lim\limits_{n \to \infty} S_n = \lim\limits_{n \to \infty} \left(\sum\limits_{k=1}^{\infty} a_k \right)$가 되어요."

그래요. 그러면 $\sum\limits_{n=1}^{\infty} a_n = S = \lim\limits_{n \to \infty} S_{n-1} = \lim\limits_{n \to \infty} \left(\sum\limits_{k=1}^{n-1} a_k \right)$로도 표현할 수 있을까요?

"아마 그럴 것 같아요. 왜냐하면 $\lim\limits_{n \to \infty} S_{n-1}$을 보면, n이 무한만큼 커지면 $n-1$도 무한만큼 커질 테니까요."

맞아요. 잘 생각했어요. 그렇지만 $S_n - S_{n-1}$의 값을 계산할 수 있나요?

"네. 그것은 쉬워 보여요. 왜냐하면 S_n은 처음부터 n번째까지 항의 합이기 때문에 $S_n = a_1 + a_2 + \cdots + a_n$이고, S_{n-1}은 처음부터 $n-1$번째까지 합이기 때문에 $S_{n-1} = a_1 + a_2 + \cdots + a_{n-1}$이잖아요. 그러면 $S_n - S_{n-1} = (a_1 + a_2 + \cdots + a_n) - (a_1 + a_2 + \cdots + a_{n-1}) = a_n$이 되는데요?"

아. 맞아요. 예를 들어 항을 세 개 더한 S_3에서 항을 두 개 더한 S_2를 빼 주면, 결국 세 번째 항인 a_3만 남는 것과 같은 이치예요. 그러면 이렇게 쓸 수 있지요.

오일러 선생님은 큰 글씨로 칠판에 적었습니다.

$$\lim_{n \to \infty} a_n = \lim_{n \to \infty} (S_n - S_{n-1}) = \lim_{n \to \infty} S_n - \lim_{n \to \infty} S_{n-1} = S - S = 0$$

"그럼 뭐예요? 우리가 처음부터 $\sum_{n=1}^{\infty} a_n$이 수렴하는 급수라고 가정했더니, $\lim_{n \to \infty} a_n = 0$이 되었다는 건가요?"

그렇답니다. 지금 여러분이 본 것처럼, 어떤 급수가 수렴하면 그 급수의 일반항은 극한값이 0이 된다는 거예요. 그래서 다음과 같이 쓸 수 있답니다.

무한급수 $\sum_{n=1}^{\infty} a_n$이 수렴하면, 급수의 일반항의 극한은 $\lim_{n \to \infty} a_n = 0$ 이다.

오일러가 들려주는 무한급수 이야기

무한급수이면서 수렴하는 예제로 어떤 것을 알고 있나요?

"무한급수이면서 수렴하는 $1+\dfrac{1}{2}+\dfrac{1}{4}+\cdots+\dfrac{1}{2^{n-1}}+\cdots$이 있어요. 등비급수인데 공비가 $r=\dfrac{1}{2}<1$이므로 수렴한다고 하셨어요."

그렇지요. 이 급수의 일반항은 $\dfrac{1}{2^{n-1}}$인데, 정말 이 일반항의 극한은 0이 될까요?

"네. $\displaystyle\lim_{n\to\infty}\dfrac{1}{2^{n-1}}=0$이에요. 그리고 보니, 수렴하는 급수의 일반항은 극한값이 0이네요?"

위 내용을 대우 명제로 설명하면 어떻게 할 수 있을까요? 우선 대우 명제가 무엇을 뜻하는 것인지를 먼저 알아야 하겠지요?

"아……. 대우 명제가 무엇인지 배웠어요. 'P이면 Q이다' 라고 주어진 명제가 하나 있을 때, 그 명제의 대우 명제란 결론을 부정하면 가정의 부정이 된다는 것이잖아요. 즉 'Q가 아니면 P가 아니다' 라는 것이죠?"

맞아요. 그러면 위에서 말한 결과 '$\sum\limits_{n=1}^{\infty} a_n$이 수렴하면 $\lim\limits_{n\to\infty} a_n = 0$이다' 를 대우 명제로 표현하면 어떻게 될까요?

"음…… 대우 명제가 결론을 부정하면 가정의 부정이 되는 것이니까, '$\lim\limits_{n\to\infty} a_n \neq 0$이면 $\sum\limits_{n=1}^{\infty} a_n$은 발산한다' 가 될 것 같아요."

그렇습니다. 일반항의 극한이 0이 아니면 급수는 발산한다는 거예요. 결국 이번에는 일반항이 큰 역할을 하네요. 그래서 우리는 이것을 일반항 판정법이라고 부른답니다.

중요 포인트

일반항 판정법

급수 일반항의 극한이 $\lim\limits_{n\to\infty} a_n \neq 0$이면 무한급수 $\sum\limits_{n=1}^{\infty} a_n$은 발산한다.

"와, 선생님 이거 정말 편리한 방법이네요? 일반항만 보면 함

오일러가 들려주는 무한급수 이야기

수의 발산을 확인할 수 있겠는데요?"

그렇지요. 지난 시간에 $1-1+1-1+1-1+\cdots$, $1+2+4+8+\cdots$, $1+1+1+1+\cdots$은 모두 발산하는 급수라고 했었는데, 왜 그렇게 판단할 수 있었을까요?

"그거요? 이런 급수들은 모두 등비급수인데, 각각의 공비의 절 댓값이 1보다 크거나 같았거든요."

이때, 갑자기 영수가 신이 나서 말했습니다.

"아……. 알 것 같아요. 이 급수들은 일반항 판정법에 의해서도 발산하는 급수임을 볼 수 있어요. 왜냐하면 첫 번째 급수의 일반 항은 ± 1이고요, 두 번째 급수의 일반항은 ∞이고요, 세 번째 급 수의 일반항은 1이니까요. 어찌 되었건 일반항의 극한이 0이 아 니라는 거예요. 그래서 급수는 모두 발산하고요. 제 말이 맞죠?"

오일러 선생님은 정말 기뻤습니다.

자! 이제 예를 하나만 더 들어 봅시다. $1+\dfrac{2}{3}+\dfrac{3}{5}+\dfrac{4}{7}+\cdots+$

$\dfrac{n}{2n-1}+\cdots$을 생각해 보지요. 우선 이 급수는 등차급수도 아니고 등비급수도 아니에요. 이 급수는 수렴하지 않는데 왜 그럴까요?

"……. 선생님. 일반항 판정법을 사용해도 되나요?"

그럼요. 급수의 일반항은 $a_n = \dfrac{n}{2n-1}$ 이에요. 일반항 판정을 사용하기 위해 a_n의 극한값을 계산해 봐야 하겠지요?

"네. $\displaystyle\lim_{n\to\infty} a_n = \lim_{n\to\infty} \dfrac{n}{2n-1} = \cdots$, 어, 그런데 선생님? 이 부분에서 어떻게 해야 할지 모르겠어요. n이 무한으로 가면, 분모에 있는 $2n-1$도 무한이 되니까 $\displaystyle\lim_{n\to\infty} a_n = \lim_{n\to\infty} \dfrac{n}{2n-1} = \dfrac{\infty}{\infty}$ 의 형태가 되고 마는데요? 그럼 이 값이 무엇인가요?"

그렇지요. 이런 경우에는 조금 다른 방법을 사용해야 합니다. 분수 $\dfrac{n}{2n-1}$에서 분모와 분자를 동시에 n으로 나누어 보세요.

"$\dfrac{n}{2n-1} = \dfrac{\dfrac{n}{n}}{\dfrac{(2n-1)}{n}} = \dfrac{1}{2-\dfrac{1}{n}}$ 이렇게 되는데요?"

그래요. 그러면 이제 극한값을 구할 수 있겠지요? 자, 보세요.

$$\lim_{n\to\infty} a_n = \lim_{n\to\infty} \frac{n}{2n-1} = \lim_{n\to\infty} \frac{\dfrac{n}{n}}{\dfrac{(2n-1)}{n}} = \lim_{n\to\infty} \frac{1}{2-\dfrac{1}{n}} =$$

오일러가 들려주는 무한급수 이야기

$\lim\limits_{n \to \infty} \dfrac{1}{2} = \dfrac{1}{2}$로서 $\lim\limits_{n \to \infty} a_n \neq 0$이 되지요. 그러므로 급수는 발산한다고 할 수 있습니다.

> n이 자꾸 커지면 $\lim\limits_{n \to \infty} \dfrac{1}{n} = 0$이다.

▨ 일 반 항 판 정 법 의 역 의 문 제

"선생님, 궁금한 게 있어요. 일반항 판정에 의해 일반항의 극한 $\lim\limits_{n \to \infty} a_n$이 0이 아니면 급수는 발산한다고 하셨는데, 그러면 일반항의 극한이 $\lim\limits_{n \to \infty} a_n = 0$인 경우는 어떻게 되나요? 혹시 '급수 일반항의 극한이 $\lim\limits_{n \to \infty} a_n = 0$이면 무한급수 $\sum\limits_{n=1}^{\infty} a_n$은 수렴한다'고 말할 수 있나요?"

참 좋은 질문이에요. 어떨 것 같은가요? 일반항이 점점 작아지면 급수는 수렴할까요?

"그럴 것 같은 생각이 드는데…… 잘 모르겠어요."

그래요. 이런 급수를 생각해 봅시다. $1 + \dfrac{1}{2} + \dfrac{1}{3} + \dfrac{1}{4} + \dfrac{1}{5} +$ …, 이 급수의 일반항은 $a_n = \dfrac{1}{n}$으로서 $\lim\limits_{n \to \infty} a_n = \lim\limits_{n \to \infty} \dfrac{1}{n} = 0$이에요. 그렇다면 경수의 말처럼 이 급수는 수렴하는 것일까요? 아마

대부분의 사람은 이 급수가 수렴하는 것처럼 생각할지도 몰라요. 왜냐하면 더해지는 항이 거의 0의 값이기 때문에 급수의 합을 계산하면 차이가 없을 것으로 생각하기 때문이지요. 그런데 이 급수는 발산을 한답니다.

"정말요? 어떻게 그럴 수가 있지요?"

$1+\dfrac{1}{2}+\dfrac{1}{3}+\dfrac{1}{4}+\dfrac{1}{5}+\cdots=\sum\limits_{n=1}^{\infty}\dfrac{1}{n}$ 은 조화harmonic 급수라고 불리는 아주 특별한 그리고 아주 아름다운 급수이기 때문입니다.

▨ 조 화 급 수

1350년경에 프랑스의 수도승 오렘Oresme, 1323~1382은 이 급수가 발산함을 최초로 증명했어요. 그 뒤로 1647년경에 이탈리아의 수학자 멘골리Mengoli, 1625~1686가 다시 확인했고, 그로부터 약 40년 뒤에 베르누이 형제인 야곱과 요한 베르누이가 각각 다시 증명했답니다.

"아. 오일러 선생님의 선생님이셨다던 그 베르누이 가문의 형제들이네요."

아마 많은 사람이 증명하고 또 증명하고 했던 것으로 미루어 보아 여러분처럼 이 급수가 발산한다는 것이 쉽게 받아들여지지

오일러가 들려주는 무한급수 이야기

않았나 봅니다. 여러 사람이 증명한 만큼 몇 가지 서로 다른 증명 방법이 있기는 하지만, 주로 다음과 같이 증명할 수 있답니다.

$$
\begin{aligned}
\sum_{n=1}^{\infty}\frac{1}{n} &= 1+\frac{1}{2}+\frac{1}{3}+\frac{1}{4}+\frac{1}{5}+\frac{1}{6}+\frac{1}{7}+\frac{1}{8}+\frac{1}{9}+\cdots \\
&= 1+\frac{1}{2}+\left(\frac{1}{3}+\frac{1}{4}\right)+\left(\frac{1}{5}+\frac{1}{6}+\frac{1}{7}+\frac{1}{8}\right)+ \\
&\qquad\qquad \left(\frac{1}{9}+\cdots+\frac{1}{16}\right)+\left(\frac{1}{17}+\cdots\right)+\cdots \\
&\geq 1+\frac{1}{2}+\left(\frac{1}{4}+\frac{1}{4}\right)+\left(\frac{1}{8}+\frac{1}{8}+\frac{1}{8}+\frac{1}{8}\right)+ \\
&\qquad\qquad \left(\frac{1}{16}+\cdots+\frac{1}{16}\right)+\left(\frac{1}{32}+\cdots\right)+\cdots \\
&= 1+\frac{1}{2}+\frac{1}{2}+\frac{1}{2}+\frac{1}{2}+\cdots \\
&= 1+\lim_{n\to\infty}\frac{n}{2}=\infty
\end{aligned}
$$

학생들은 그 식을 알 것도 같고 좀 이상한 것도 같은 느낌이었습니다. 오일러 선생님은 호흡을 가다듬고 설명하기 시작했습니다.

자 보세요. 조화급수의 세 번째 항인 $\frac{1}{3}$을 $\frac{1}{4}$로 바꾼 급수와 비교하면 부등호가 생기지요?

$$
\begin{aligned}
&1+\frac{1}{2}+\frac{1}{3}+\frac{1}{4}+\frac{1}{5}+\frac{1}{6}+\frac{1}{7}+\frac{1}{8}+\frac{1}{9}+\cdots \\
&\quad > 1+\frac{1}{2}+\frac{1}{4}+\frac{1}{4}+\frac{1}{5}+\frac{1}{6}+\frac{1}{7}+\frac{1}{8}+\frac{1}{9}+\cdots = T_1
\end{aligned}
$$

다시 T_1의 다섯, 여섯, 일곱 번째 항을 모두 $\frac{1}{8}$로 바꾼 급수와 비교하면 역시 부등호가 생깁니다.

$$1+\frac{1}{2}+\frac{1}{4}+\frac{1}{4}+\frac{1}{5}+\frac{1}{6}+\frac{1}{7}+\frac{1}{8}+\frac{1}{9}+\cdots$$
$$>1+\frac{1}{2}+\frac{1}{4}+\frac{1}{4}+\frac{1}{8}+\frac{1}{8}+\frac{1}{8}+\frac{1}{8}+\frac{1}{9}+\cdots=T_2$$

다시 한 번 T_2의 아홉 번째 항부터 열다섯 번째 항까지를 모두 $\frac{1}{16}$으로 바꾼 급수로부터 다음과 같이 됩니다.

$$1+\frac{1}{2}+\frac{1}{4}+\frac{1}{4}+\frac{1}{8}+\frac{1}{8}+\frac{1}{8}+\frac{1}{8}+\frac{1}{9}+\cdots$$
$$>1+\frac{1}{2}+\frac{1}{4}+\frac{1}{4}+\frac{1}{8}+\frac{1}{8}+\frac{1}{8}+\frac{1}{8}+\frac{1}{16}+\cdots=T_3$$

이런 일을 계속 반복하면 다음과 같은 부등식이 생기겠죠?

$$1+\frac{1}{2}+\frac{1}{3}+\frac{1}{4}+\frac{1}{5}+\frac{1}{6}+\frac{1}{7}+\frac{1}{8}+\frac{1}{9}+\cdots>T_3>$$
$$\cdots>1+\frac{1}{2}+\frac{1}{2}+\frac{1}{2}+\cdots$$

그러면 여기 가장 오른쪽에 쓰인 급수의 값을 알 수 있나요?

"음, 그것은 우리가 그동안 많이 해 온 급수예요. $1+\frac{1}{2}+\frac{1}{2}+\frac{1}{2}+\cdots=\infty$이 되어요."

그렇지요. 결국 $1+\frac{1}{2}+\frac{1}{3}+\frac{1}{4}+\frac{1}{5}+\frac{1}{6}+\frac{1}{7}+\frac{1}{8}+\frac{1}{9}+\cdots$ $>\infty$가 되어서 조화급수 $\sum_{n=1}^{\infty}\frac{1}{n}$이 발산하는 것을 볼 수 있습니다. 조화급수가 발산하는 것은 함수 $\frac{1}{1+x}$을 0부터 n까지 적분함으로써도 증명할 수 있어요. 아직 적분을 모르는 사람들이 있을

테니까, 여기서는 증명하지 않고, 그림으로만 설명해 보도록 할 게요. 아래 그림에서 보듯 급수 $\sum\limits_{n=1}^{\infty}\dfrac{1}{n}$ 은 각각 직사각형의 면적의 합인데, 그것은 곡선 $\dfrac{1}{1+x}$ 이 x 축과 이루는 면적보다 크답니다.

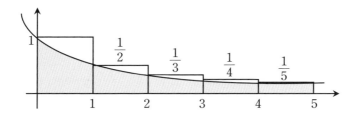

이것과 조금 비슷하게 $\dfrac{1}{2}+\dfrac{1}{3}+\dfrac{1}{5}+\dfrac{1}{7}+\dfrac{1}{11}+\dfrac{1}{13}+\cdots$ 처럼 소수들의 역수의 합도 발산한다는 것을 확인할 수 있어요. 이것은 내가 증명한 것이랍니다. 특별히 이 급수가 발산한다는 것은, 급수가 발산한다는 것뿐만 아니라, 소수의 개수가 무한히 많이 존재한다는 것을 증명하는 데 사용하는 아주 중요한 결과입니다.

"그런데 선생님. '조화'라는 급수의 이름이 좀 이상해요. 조화가 무슨 뜻이에요? 가짜로 만든 꽃도 조화라고 부르던데⋯⋯. 왜 그런가요?"

아, 그래요. 여기서 말하는 조화는 가짜 꽃을 의미하는 게 아니고, 조화롭다고 할 때 쓰는 조화랍니다. 급수가 조화롭다는 게 좀 신기하지요. '조화' 라는 단어는 영어의 harmonic을 번역한 것인데, 사실은 음악에서 많이 사용되는 단어예요. 우리가 합창을 부를 때 하모니를 맞춘다고 하면서 화음을 맞추어서 조화롭게 부르잖아요? 실제로 현악기의 줄을 맞출 때도 그 강도를 $\frac{1}{2}$, $\frac{1}{3}$, $\frac{1}{4}$, …로 정해요. 그래서 $1+\frac{1}{2}+\frac{1}{3}+\frac{1}{4}+\frac{1}{5}+\cdots$로 생긴 급수의 이름을 조화급수라고 붙였답니다. 조금 더 설명하자면, 원래 이 이름은 피타고라스학파에서 처음 사용하였다고 합니다. 기원전 550년무렵의 수학자 피타고라스는 알고 있지요?

"직각삼각형의 세 변의 관계를 연구해서 $x^2+y^2=z^2$(단, $\angle z=$ 90°)이라고 한 피타고라스 말씀이세요?"

그래요. 피타고라스학파 사람들은 어떤 길이의 현을 팽팽하게 만들어 소리를 내고, 다음에 그 현의 길이를 $\frac{2}{3}$로 줄여 소리를 내면 5도가 높은 음이 나온다는 것을 알아냈습니다. 즉, 처음의 음이 '도' 라면 $\frac{2}{3}$로 줄였을 때는 '솔' 의 음이 나온다는 겁니다. 그런데 처음 주어진 현의 길이를 $\frac{2}{3}$가 아닌 $\frac{1}{2}$로 줄이면 처음의 음보다 8도 높아진 '도' 의 음이 나오지요. 따라서 현의 길이의 비가 $1:\frac{3}{2}:2$일 때, 진동수의 비는 $1:\frac{2}{3}:\frac{1}{2}$과 같은 역수의 비가 됩니다. 이와 같이 일정한 간격으로 커지는 수의 나열이 있을 때물론 우리는 이러한 수열을 등차수열이라고 배웠지요, 이 수들의 역수를 조화수열이라 부릅니다. 결국 $1+\dfrac{1}{2}+\dfrac{1}{3}+\dfrac{1}{4}+\dfrac{1}{5}+\cdots$은 조화급수인 거지요.

자, 그러면 선생님이 문제를 하나 낼 테니까 함께 풀어 볼까요?

급수 $\sum\limits_{n=1}^{\infty}\dfrac{3}{n}$ 의 수렴 여부를 판단해 봅시다.

"선생님 이 정도는 이제 쉬운데요? $\sum\limits_{n=1}^{\infty}\dfrac{3}{n}=\sum\limits_{n=1}^{\infty}3\left(\dfrac{1}{n}\right)=3\sum\limits_{n=1}^{\infty}\dfrac{1}{n}$ 으로 표시되는데, 조화급수 $\sum\limits_{n=1}^{\infty}\dfrac{1}{n}$ 이 발산하므로, 급수 $\sum\limits_{n=1}^{\infty}\dfrac{3}{n}$ 도 발산해요."

오일러가 들려주는 무한급수 이야기

네번째 수업 정리

① 일반항 판정법

급수 일반항의 극한이 $\lim_{n \to \infty} a_n \neq 0$이면 무한급수 $\sum_{n=1}^{\infty} a_n$은 발산한다.

② 일반항 판정법의 역은 성립하지 않습니다. 이러한 예제를 조화급수에서 볼 수 있습니다.

③ 조화급수 $1 + \dfrac{1}{2} + \dfrac{1}{3} + \dfrac{1}{4} + \dfrac{1}{5} + \cdots$의 일반항은 $a_n = \dfrac{1}{n}$로서 $\lim_{n \to \infty} a_n = 0$입니다. 그러나 조화급수는 발산합니다.

무한소수

무한소수와 무한등비급수, 그리고 오일러 급수를 알아
봅니다. 또한 무한등비급수를 소수로 표현하는 것과 소
수를 무한등비급수로의 표현을 알아봅니다.

다섯 번째 학습 목표

1. 무한등비급수를 소수로 표현합니다.

2. 소수를 무한등비급수로 표현합니다.

미리 알면 좋아요

1. 분수를 소수로 표현하는 방법을 알고 있습니다.

2. 소수를 분수로 표현하는 방법을 알고 있습니다.

3. 유한의 값에서는 $0.9 < 1,\ 0.99 < 1,\ 0.999 < 1,\ 0.9999 < 1,\ 0.99999 < 1$
   입니다.

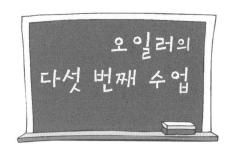

오일러의
다섯 번째 수업

오일러 선생님은 기분 좋은 목소리로 인사했습니다.

오늘도 반가워요. 그동안 우리는 급수에 관해 많은 것을 배워 왔는데, 오늘은 아킬레스와 거북이의 문제로 돌아가서 이제 제논의 주장이 어디서 잘못되었는지를 알아보기로 합시다.

학생들은 조금 긴장한 표정입니다. 아마도 두 번 다시 제논의 논리에 속지 않을 마음인가 봅니다.

이미 배운 것처럼, 아킬레스가 이동한 거리는 $10+1+\dfrac{1}{10}+\dfrac{1}{100}+\dfrac{1}{1000}+\dfrac{1}{10000}+\cdots$, 식으로 표현할 수 있었지요. 이제 값을 계산해 볼래요?

"선생님, 이 정도의 덧셈은 충분히 할 수 있어요. 음, 첫 항이 10이고 공비는 $\dfrac{1}{10}$인 무한등비급수이므로, $10+1+\dfrac{1}{10}+\dfrac{1}{100}+\dfrac{1}{1000}+\dfrac{1}{10000}+\cdots=\dfrac{10}{1-\dfrac{1}{10}}=\dfrac{10}{\dfrac{9}{10}}=\dfrac{100}{9}$이잖아요."

그러면 거북이의 이동 거리는 어떤가요?

"거북이의 이동 거리도 역시 공비가 $\dfrac{1}{10}$인 무한등비급수이니까 $1+\dfrac{1}{10}+\dfrac{1}{100}+\dfrac{1}{1000}+\dfrac{1}{10000}+\cdots=\dfrac{1}{1-\dfrac{1}{10}}=\dfrac{10}{9}$이 되어요."

그러면 어떻게 될까요?

"결국 10m에다 $\dfrac{100}{9}$m를 더 달리면 아킬레스는 거북이를 따라잡게 될 거예요."

자. 그럼 선생님이 문제 하나를 낼 테니까 해결해 보세요.

오일러가 들려주는 무한급수 이야기

400m 달리기를 하기 위해 아킬레스가 출발점에 서 있고, 거북이는 10m 앞에 서 있습니다. 1초에 아킬레스는 10m, 거북이는 5m를 달릴 수 있다면, 몇 초 뒤에 아킬레스가 거북이를 이길 수 있나요?

"이 문제는 쉽게 풀 수 있어요. 단지 2초만 지나면 아킬레스는 이미 20m 지점까지 오게 돼요. 거북이는 1초에 5m를 달리니까 2초 동안 10m를 달리고 있겠죠. 물론 거북이가 10m 앞에서 출발했으니까, 거북이도 역시 20m 지점을 막 통과할 거예요. 다시 말해서 2초만 지나도 아킬레스는 거북이를 이길 수 있어요."

그래요. 참 잘했어요.

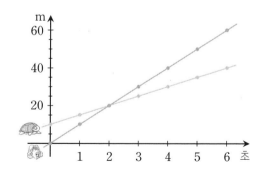

▨무한등비급수의 소수 표현

오늘은 아주 재미있는 것을 하나 더 배워 봅시다. 무한등비급수를 소수로 표현해 보는 거예요.

순간 학생들의 표정이 굳어졌습니다. 그리고 서로에게 눈짓으로 말을 했습니다. '뭐, 급수를 소수로 표현해 보겠다고?'

거북이가 달린 거리의 무한급수를 소수로 표현할 수 있을까요?

$$1+\frac{1}{10}+\frac{1}{100}+\frac{1}{1000}+\frac{1}{10000}+\cdots$$
$$=\frac{1}{1-\frac{1}{10}}=\frac{1}{\frac{9}{10}}=\frac{10}{9}$$

"선생님, 소수요? 어떻게 하는 게 소수로 표현하는 거예요?"

$\frac{10}{9}$ 은 분수 표현이잖아요. 이것을 소수로 표현하기 위해서는 분자의 값 10을 분모의 값 9로 나눗셈을 직접해 보면 됩니다.

"아하."

학생들은 나눗셈쯤이야 하면서 종이와 연필을 꺼내 직접 나눗셈하기 시작했습니다.

$$
\begin{array}{r}
1.111 \\
9{\overline{\smash{\big)}\,10}} \\
\underline{9} \\
1\,0 \\
\underline{9} \\
1\,0 \\
\underline{9} \\
1\,0
\end{array}
$$

"선생님, 나눗셈이 끝나지 않아요. 계속해서 똑같은 수가 반복되고 있어요."

그렇지요. 이렇게 계속 똑같은 수가 순환하는 것을 순환소수라고 부르지요. 다시 말해서 $1 + \dfrac{1}{10} + \dfrac{1}{100} + \dfrac{1}{1000} + \dfrac{1}{10000} + \cdots = \dfrac{1}{1 - \dfrac{1}{10}} = \dfrac{10}{9} = 1.111\cdots$ 로 표현할 수 있습니다.

"그렇다면 거북이가 달린 거리는 $1.1111\cdots$가 되겠네요."

여러분은 $\dfrac{1}{10}, \dfrac{1}{100}, \dfrac{1}{1000}, \dfrac{1}{10000}$ 등의 분수를 소수로 나타낼 수 있겠어요?

"네, 선생님. 그건 좀 쉬운 문제인 것 같은데요? 그런 문제는 초등학교에서 이미 배웠어요.

$\dfrac{1}{10} = 0.1, \quad \dfrac{1}{100} = 0.01, \quad \dfrac{1}{1000} = 0.001, \quad \dfrac{1}{10000} = 0.0001$ 이

에요."

그러면 $1+\dfrac{1}{10}+\dfrac{1}{100}+\dfrac{1}{1000}+\dfrac{1}{10000}+\cdots$을 소수들의 합으로 표현할 수 있을까요?

"네. 각각의 값을 소수로 바꾸어 볼게요. 그러면 $1+0.1+0.01+0.001+0.0001+\cdots$가 되는데요?

그렇지요. 그러면 $1+0.1+0.01+0.001+\cdots$은 얼마일까요?

"그것도 이미 초등학교 때 배운 것 같아요. 소수들의 덧셈은 소수점 자릿수를 맞추어서 계산하면 돼요. 그러니까 $1+0.1+0.01+0.001+\cdots=1.1111\cdots$이 되는데……."

"정말 신기해요. 저희가 등비급수의 합을 구하는 방법대로 계산해서 소수로 바꾸었을 때랑 똑같은 값 $1.1111\cdots$이 되었어요."

그래요. 무한등비급수를 순환소수로 표현할 수 있답니다.

예를 들어서 $1+\dfrac{1}{10}+\dfrac{1}{100}+\dfrac{1}{1000}+\dfrac{1}{10000}+\cdots=1+0.1+0.01+0.001+0.0001+\cdots=1.1111\cdots$인데, 이 값이 $\dfrac{10}{9}$과 같은 값이에요. 그것처럼 $10+1+\dfrac{1}{10}+\dfrac{1}{100}+\cdots=10+1+0.1+0.01+0.001+\cdots=11.111\cdots$은 $\dfrac{100}{9}$과 같은 값이에요.

오일러가 들려주는 무한급수 이야기

▨ 무한소수의 등비급수 표현

이제 선생님이 하나 물어볼게요.

0.99999…와 같은 무한순환소수를 급수로 나타낼 수 있을까요? 0.99999…는 1과 어느 정도 차이가 있을까요? 1보다 작을까요?

"아무래도 0.99999…는 아직 1이 안 되었으니까, 1보다는 작을 것 같아요."

"철수 말이 맞는 것 같아요. 0.9<1이잖아요. 0.99<1이고요. 물론 0.999<1이고요. 그러니까 0.99999…도 1보다 작을 거예요."

오일러 선생님은 학생들의 대답을 다 듣고 난 뒤에 설명을 시작했습니다.

우리는 0.99999…를 다음과 같은 덧셈으로 표현할 수 있습니다.

$0.9999\cdots$

$=0.9+0.09+0.009+0.0009+0.00009+\cdots$

$=\dfrac{9}{10}+\dfrac{9}{100}+\dfrac{9}{1000}+\dfrac{9}{10000}+\dfrac{9}{100000}+\cdots$

이것은 우리가 배운 등비급수의 형태지요.

"네, 선생님. 그래요. 첫 항이 $\dfrac{9}{10}$, 공비가 $\dfrac{1}{10}$이니까, 합을 계산하면 $0.99999\cdots=\dfrac{9}{10}+\dfrac{9}{100}+\dfrac{9}{1000}+\dfrac{9}{10000}+\dfrac{9}{100000}$

$+\cdots=\dfrac{\dfrac{9}{10}}{1-\dfrac{1}{10}}=1$이 되어요."

오일러가 들려주는 무한급수 이야기

"어? 그렇다면…… 0.99999…＝1이 되네요? 와! 믿어지지가 않는데요?"

"정말 신기해요! 선생님. 0.99999…가 1이라니요. 전혀 예상 밖인데요?"

그렇지요? 0.99999…는 1보다 작은 값이 아니라, 1과 완전히 똑같은 값이랍니다. 바로 여기에서 제논의 역설이 생긴 거예요. 유한의 경우에는 영수가 말했던 것처럼 0.9<1, 0.99<1, 0.999 <1, 0.9999<1, 0.99999<1이지만, 이것이 순환소수에서는 0.99999⋯=1이 되는 거예요.

자, 이제 선생님이 몇 가지 문제를 낼 테니 함께 해결해 볼까요? 0.684684684⋯를 분수로 나타내 보겠습니다. 이 경우는 세 마디 684가 반복되는 순환소수입니다. 그러므로 0.684684684 ⋯=0.684+0.000684+0.000000684+⋯가 되므로 첫 항은 0.684이고 공비는 0.001인 등비급수입니다.

따라서 $0.684684684\cdots = \dfrac{0.684}{1-0.001} = \dfrac{0.684}{0.999} = \dfrac{684}{999} = \dfrac{76}{111}$ 이 됩니다.

자, 그러면 이제부터는 아래의 순환소수들을 다 표시할 수 있겠지요?

$$0.77777\cdots = \dfrac{\dfrac{7}{10}}{1-\dfrac{1}{10}} = \dfrac{7}{9}$$

$$0.123412341234\cdots = \dfrac{\dfrac{1234}{10000}}{1-\dfrac{1}{10000}} = \dfrac{1234}{9999}$$

오일러가 들려주는 무한급수 이야기

$$0.09090909\cdots=\frac{9}{99}=\frac{1}{11}$$이 됩니다.

▨ 오일러 급수

급수에 관해 내가 증명한 것은 상당히 많이 있지만, 그것 중에
서 내가 참 좋아하는 게 있답니다.

학생들은 이렇게 훌륭한 오일러 선생님이 제일 좋아하는 급수
는 어떤 것일까 궁금했습니다. 오일러 선생님은 아래의 급수를
칠판에 적습니다.

$$1+\frac{1}{4}+\frac{1}{9}+\frac{1}{16}+\frac{1}{25}+\cdots+\frac{1}{n^2}+\cdots$$

다음 장으로 ☞

특별히 이 급수는 내 이름을 따서 '오일러 급수'라고 부른답니다.

"선생님, 조화급수와 많이 비슷한 모양이네요? 조화급수는 분모의 값이 1, 2, 3, 4, … 처럼 모든 정수인데, 이번 급수는 분모의 값이 1, 4, 9, 16, … 처럼 모든 제곱의 정수인데요?

그렇다면, 조화급수가 발산하니까…… 음, 이 $1+\dfrac{1}{2^2}+\dfrac{1}{3^2}+\dfrac{1}{4^2}+\dfrac{1}{5^2}+\cdots$도 혹시 발산을 할까요?"

"지난 시간에 선생님께서 조화급수가 발산하는 것을 보여 주신 것처럼 증명할 수 있지 않을까요? 다시 말해서 $\dfrac{1}{2^2}<\dfrac{1}{2}$, $\dfrac{1}{3^2}<\dfrac{1}{3}$, $\dfrac{1}{4^2}<\dfrac{1}{4}$, $\dfrac{1}{5^2}<\dfrac{1}{5}$, … 이니까, $1+\dfrac{1}{2^2}+\dfrac{1}{3^2}+\dfrac{1}{4^2}+\dfrac{1}{5^2}+\cdots<1+\dfrac{1}{2}+\dfrac{1}{3}+\dfrac{1}{4}+\dfrac{1}{5}+\cdots=\infty$가 되는데…… 어, 그러면?"

오일러가 들려주는 무한급수 이야기

그렇지요. 여기서 주의해야 할 것은 무한보다 큰 값이 무한인 것은 확실하지만, 무한보다 작은 값은 무한일 수도 있지만 유한일 수도 있다는 거예요. 왜냐하면 $1 < \infty$인 것은 너무 당연하니까요.

오일러 급수가 조화급수와 상당히 유사하게 생겼습니다. 그래서 발산할 거라는 생각이 들 수 있습니다. 그러나 이 급수는 $1 + \frac{1}{4} + \frac{1}{9} + \frac{1}{16} + \frac{1}{25} + \cdots + \frac{1}{n^2} + \cdots = \frac{\pi^2}{6}$처럼 $\frac{\pi^2}{6}$이라는 값으로 수렴하는 급수랍니다. 다른 예를 들어 볼까요? π의 값이 얼마이지요?

"π는 대략 3.14로서 알고 있어요."

그래요. 그렇게 때문에 $\frac{\pi^2}{6}$의 값은 대략 1.643266정도예요.

"수학은 정말 재미있어요. 스릴 만점이에요! 언뜻 보기에는 조화급수와 비슷해서 발산할 것 같았는데, 오히려 수렴을 하네요?"

그래요. 그런데 이 급수의 경우에 합이 수렴한다는 결과뿐만 아니라, 원의 넓이를 표현할 때 사용하는 π라는 값이 급수의 합과 관계가 있다는 것입니다. 이는 다른 사람들이 전혀 예측할 수 없었던 결과를 증명한 것이랍니다. 그뿐만 아니라 π라는 값이 정사각형의 넓이를 표현할 때 사용되는 1, 4, 9, 16 등과 같은 제곱수와도 연관이 있을 것이라는 생각은 완전히 새로운 발상이었답니다.

사실은 나도 이것을 증명하고 나서 좀 놀랐어요. 나는 오일러 급수뿐만 아니라 이것과 비슷한 많은 급수의 값도 계산해 냈답니다.

$$1 - \frac{1}{3^3} + \frac{1}{5^3} - \frac{1}{7^3} + \cdots = \frac{\pi^3}{32}$$

$$1 + \frac{1}{3^4} + \frac{1}{5^4} + \frac{1}{7^4} + \cdots = \frac{\pi^4}{96}$$

$$1 - \frac{1}{3^5} + \frac{1}{5^5} - \frac{1}{7^5} + \cdots = \frac{5\pi^5}{1536}$$

$$1 + \frac{1}{3^6} + \frac{1}{5^6} + \frac{1}{7^6} + \cdots = \frac{\pi^6}{960}$$

$$1 + \frac{1}{1!} + \frac{1}{2!} + \frac{1}{3!} + \cdots = e$$

"선생님 어떻게 계산하신 것인지 설명해 주세요."

네. 그런데 어쩌죠? 이 계산은 많이 어려워요. 여러분이 조금 더 수학을 배우면 그때 설명해 줄게요.

학생들은 조금 아쉬웠지만, 더 많은 수학을 배워야겠다는 생각

오일러가 들려주는 무한급수 이야기

이 들었습니다.

　다음 시간에는 도형을 좀 그려볼 생각이에요. 여러분은 자, 컴퍼스, 색연필을 준비해 오면 좋겠어요. 알았죠?
　"네."

1 0.9<1, 0.99<1, 0.999<1, 0.9999<1, 0.99999<1이
지만, 무한소수에서는 0.99999…=1이 됩니다.

2 $1+\dfrac{1}{4}+\dfrac{1}{9}+\dfrac{1}{16}+\dfrac{1}{25}+\cdots+\dfrac{1}{n^2}+\cdots$은 오일러 급수라

고 불리는 유명한 급수입니다. 오일러는 이 값이 $\dfrac{\pi^2}{6}$으로 수렴한

다고 보였습니다. 대략 3.14라고 알고 있는 π값이 급수와 관계가

있을 것이라는 생각을 처음으로 해낸 것입니다.

등비급수는
기하급수이다

등비급수의 수렴과 발산을 어떻게 도형으로 표현하는
지, 분할된 도형의 모습을 보고 수렴과 발산을 어떻게
판정하는지 알아봅니다.

여섯 번째 학습 목표

1. 등비급수의 수렴과 발산을 도형으로 표현해 봅니다.

2. 도형의 분할된 모습을 보고 수렴과 발산을 판정합니다.

미리 알면 좋아요

1. 기하란 간단히 설명하면 도형 및 공간의 성질에 대한 연구를 뜻합니다.

2. 자와 컴퍼스를 사용해서 정확한 삼각형과 원을 그릴 수 있습니다.

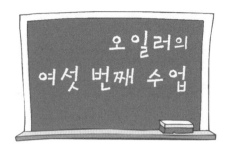

학생들 책상에는 여러 모양의 크고 작은 연필과 자와 컴퍼스가 놓여 있습니다. 오일러 선생님이 들어왔습니다. 학생들은 큰 목소리로 인사를 했습니다.

무한등비급수 $\frac{1}{2}+\frac{1}{4}+\frac{1}{8}+\frac{1}{16}+\cdots$을 다시 한 번 생각해 봅시다. 이제 우리는 이 급수의 합이 1인 것을 잘 알 수 있지요?

"그럼요. 첫 항과 공비가 모두 $\frac{1}{2}$이므로, 합은 $\frac{\frac{1}{2}}{1-\frac{1}{2}}=1$이에요."

잘 알고 있군요. 이것은 다음과 같은 기하 도형으로도 설명할 수 있습니다.

오일러가 들려주는 무한급수 이야기

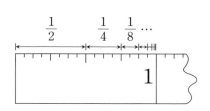

위의 그림에서 보듯이 $\frac{1}{2}+\frac{1}{4}+\frac{1}{8}+\frac{1}{16}+\cdots$을 자꾸자꾸 더해 갈수록 1의 값으로 점점 수렴하는 거지요. 물론 $\frac{1}{1}+\frac{1}{2}+\frac{1}{4}+\frac{1}{8}+\frac{1}{16}+\cdots$은 처음에 1만큼을 더하고 시작하도록 그릴 수 있답니다.

▨ 무 한 등 비 급 수 를 그 림 으 로 그 리 자

우리가 배운 무한등비급수 $a+ar+ar^2+\cdots+ar^{n-1}+\cdots$(단, $a\neq0$)는 또 다른 이름이 있는데 기하급수라고도 부른답니다.

"선생님, 기하급수요? 저희가 아는 '기하'는 삼각형, 사각형 혹은 원 …… 이렇게 도형을 다루는 것을 기하라고 배운 것 같은데, 왜 갑자기 무한등비급수를 기하급수라고 부를 수 있다는 것인가요?"

궁금하죠? 여러분이 말한 것처럼, 기하란 간단히 설명해서 도형 및 공간의 성질에 대한 연구를 뜻합니다. 여러분이 오늘 배울 것도 이 등비급수를 기하적인 도형으로 표현하는 일이에요. 오늘 수업을 다 배우고 나면, 아하! 하고 이해할 수 있을 거예요.

'무한등비급수는 기하급수이다' 무한등비급수를 삼각형, 사각형, 오각형 혹은 원의 면적으로 값을 표현할 수 있기 때문에 기하급수라고 부릅니다. 여러 종류의 무한급수 중에서 가장 간단한 예제 중 하나이지요.

그러면 지난 시간에 배운 것을 조금 복습하면서 시작해 봅시다. 앞에서 일반항 판정을 배운 적이 있었는데……. 기억나세요?

"네. '무한급수 $\sum\limits_{n=1}^{\infty} a_n$이 수렴하면, $\lim\limits_{n \to \infty} a_n = 0$이다' 잖아요."

잘 기억하고 있군요. 그래요. 그럼 이 명제를 대우 명제로 표현하면 어떻게 되나요?

"'결론의 부정은 가정의 부정이다' 가 되는 것이니까…… '$\lim\limits_{n \to \infty} a_n \neq 0$이면 $\sum\limits_{n=1}^{\infty} a_n$은 발산한다' 라고 말할 수 있어요."

그래요. 잘했어요. $\lim\limits_{n \to \infty} a_n = 0$일 때 $\sum\limits_{n=1}^{\infty} a_n$이 수렴한다고 말할 수는 없다고 했는데, 그 예제를 기억하나요?

"그럼요. $\sum\limits_{n=1}^{\infty} \dfrac{1}{n} = 1 + \dfrac{1}{2} + \dfrac{1}{3} + \cdots$와 같은 조화급수는 일반항이 $a_n = \dfrac{1}{n}$이고 일반항의 극한이 $\lim\limits_{n \to \infty} a_n = \lim\limits_{n \to \infty} \dfrac{1}{n} = 0$이지만, $\sum\limits_{n=1}^{\infty} \dfrac{1}{n} = 1 + \dfrac{1}{2} + \dfrac{1}{3} + \cdots$의 값은 무한대로 발산한다. 맞죠?"

오일러가 들려주는 무한급수 이야기

▨등비급수의 일반항 판정

그렇습니다. 잘 기억하고 있네요. 이제부터 잘 들어 보세요.

음…… $\{a_n\}$이 등비수열일 때, 만약 $\lim\limits_{n \to \infty} a_n = 0$이라면 등비급수 $\sum\limits_{n=1}^{\infty} a_n$이 수렴함을 알 수 있답니다.

"와, 정말요?"

그동안 복잡한 수학식을 많은 써 왔으니까, 이번에는 도형으로 설명해 볼게요.

오일러 선생님은 각기 다른 색분필을 가지고 칠판 앞에 섰고, 학생들은 색연필과 자 등을 준비하고 둘러앉았습니다.

이제부터 내가 설명하는대로 그려 보세요.

(1) 가로세로의 길이가 1인 정사각형을 그립니다.
(2) 정사각형을 직각이등변삼각형 두 개로 나눕니다.
(3) 두 번째 직각이등변삼각형을 다시 반으로 자릅니다.
(4) (3)에서 둘로 나누어진 두 개의 직각이등변삼각형 중 하나를 또다시 반으로 자릅니다.

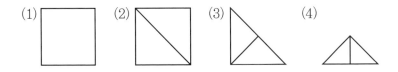

(1) (2) (3) (4)

학생들은 오일러 선생님의 설명에 따라 자를 대고 정성껏 그리고 자릅니다.

각각의 넓이는 얼마인가요?

"(1)에서는 넓이가 1인 정사각형이고, (2)에서는 $\frac{1}{2}$인 삼각형이, (3)에서는 $\frac{1}{4}$인 삼각형이, (4)에서는 $\frac{1}{8}$인 삼각형이 됩니다."

그렇지요. 이제 이렇게 반으로 계속 자른 삼각형을 모두 모아서 각 넓이를 더하면 어떻게 될까요?

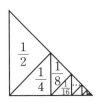

"와, $\frac{1}{2}+\frac{1}{4}+\frac{1}{8}+\frac{1}{16}+\cdots$이 되는데, 이것은 처음 정사각형의 넓이 1과 같아요! 그래서 $\frac{1}{2}+\frac{1}{4}+\frac{1}{8}+\frac{1}{16}+\cdots=1$이 돼요. 선생님, 정말 신기하고 재미있어요!"

오일러가 들려주는 무한급수 이야기

그렇죠? 여러분이 재밌어하니 나도 행복한 걸요? 다른 문제 하나를 더 풀어 보도록 하죠.

$\dfrac{1}{3}+\dfrac{1}{9}+\dfrac{1}{27}+\dfrac{1}{81}+\cdots$의 값을 구하기 위해 길이 1인 정사각형을 삼등분하겠습니다.

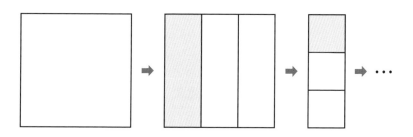

이제 각각의 작은 사각형을 원래의 큰 사각형 안에 넣으면 노란 부분과 흰색 부분의 크기가 정확히 일치함을 볼 수 있습니다.

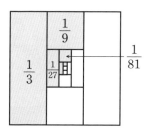

그러므로 $\dfrac{1}{3}+\dfrac{1}{9}+\dfrac{1}{27}+\dfrac{1}{81}+\cdots=\dfrac{1}{2}$이 됩니다.

오일러 선생님이 이번에는 칠판에 원을 그리기 시작했습니다.

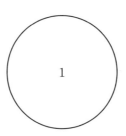

이 그림에서 제일 큰 원의 면적을 1이라 하고, 이 도형에서 $\frac{2}{3}$ 씩 줄여 가면서 계속 원을 그려 보세요.

오일러가 들려주는 무한급수 이야기

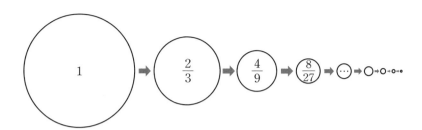

그러면 1이라는 제일 큰 면적을 가진 원은, 공비가 $\dfrac{2}{3}$인 등비급수 $S=1+\dfrac{2}{3}+\dfrac{4}{9}+\dfrac{8}{27}+\cdots$을 자기 자신과 닮음인 원들의 합으로 표현한 것이 됩니다. 만약 S에 공비 $\dfrac{2}{3}$를 곱하면 $\dfrac{2}{3}S=\dfrac{2}{3}\left(1+\dfrac{2}{3}+\dfrac{4}{9}+\dfrac{8}{27}+\cdots\right)=\dfrac{2}{3}+\dfrac{4}{9}+\dfrac{8}{27}+\dfrac{16}{81}+\cdots$이 되는데, 이것은 원래의 S의 값과 어떤 차이가 있나요?

"S의 맨 첫 항이 없을 뿐이지 나머지 부분은 모두 똑같아요."

네, 맞아요. 그러므로 $S-\dfrac{2}{3}S=\left(1+\dfrac{2}{3}+\dfrac{4}{9}+\dfrac{8}{27}+\cdots\right)-\left(\dfrac{2}{3}+\dfrac{4}{9}+\dfrac{8}{27}+\dfrac{16}{81}+\cdots\right)=1$이 되어, $\dfrac{1}{3}S=1$, 즉 $S=3$이 됩니다. 이 값을 우리가 무한등비급수 공식으로 계산한 것과 같은지 확인해 볼까요?

"네, 선생님. $S=1+\dfrac{2}{3}+\dfrac{4}{9}+\dfrac{8}{27}+\cdots$은 첫 항이 1이고 공비가 $\dfrac{2}{3}$이므로…… $S=\dfrac{1}{1-\dfrac{2}{3}}=\dfrac{1}{\dfrac{1}{3}}=3$이 되네요? 정말 똑같은 결과가 되었어요!"

"선생님? 등비급수, 그러니까 기하급수를 해결하기 위해 정사각형이나 원의 면적을 사용할 수 있다고 말씀하셨는데, 다른 도형도 사용할 수 있나요? 예를 들어 삼각형 같은 도형이요."

그럼요. 적절한 도형을 잘 선택하면 재미있는 풀이를 만들 수 있답니다. 조금 전에 본 급수 $\frac{1}{4} + \frac{1}{16} + \frac{1}{64} + \frac{1}{256} + \cdots$의 값을 삼각형을 이용해 다시 구해 볼까요? 이번에도 면적이 1인 정삼각형을 하나 만들어 봅시다. 그리고 그 안에 삼각형을 네 개 만들어 봅시다. 그러면 그 각각의 면적은 모두 같은 $\frac{1}{4}$이에요.

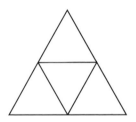

이러한 일을 계속 반복하면 점점 $\frac{1}{4^2} = \frac{1}{16}$, $\frac{1}{4^3} = \frac{1}{64}$, $\cdots$의 면적이 되지요. 자 이제 검은색, 회색, 흰색으로 삼각형들을 색칠해 봅시다.

그러면 검은색으로 칠해진 전체 면적이 바로 우리가 찾으려는 값 $\frac{1}{4} + \frac{1}{16} + \frac{1}{64} + \frac{1}{256} + \cdots$이 됩니다.

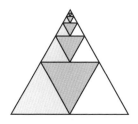

그런데 검은색 부분과 회색 부분, 그리고 흰색 부분의 삼각형 면적의 합이 모두 같은 크기이므로, $\frac{1}{4}+\frac{1}{16}+\frac{1}{64}+\frac{1}{256}+\cdots$ 은 전체 삼각형 면적의 $\frac{1}{3}$이 되네요. 따라서 $\frac{1}{4}+\frac{1}{16}+\frac{1}{64}+\frac{1}{256}+\cdots=\frac{1}{3}$이에요.

이러한 아이디어는 마지막 시간에 시어핀스키 삼각형을 소개할 때 다시 한 번 나올 거예요. 가끔 다른 형태의 삼각형을 그려서 $\frac{1}{4}+\frac{1}{16}+\frac{1}{64}+\frac{1}{256}+\cdots=\frac{1}{3}$을 확인해 볼 수도 있습니다.

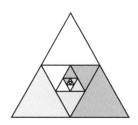

무한등비급수 $\frac{1}{4}+\frac{1}{16}+\frac{1}{64}+\frac{1}{256}+\cdots$은 수학의 역사에서 무한히 더하는 최초의 예제 중 하나로서, 기원전 250년무렵에 살

았던 아르키메데스에 의해 만들어졌습니다. 물론 그 합은 지금까지 우리가 보았던 것처럼 $\frac{1}{3}$이에요.

역사적으로 볼 때, 기하급수는 초기 미적분학의 개발 단계에서 상당히 중요한 역할을 했으며, 급수의 수렴성 연구에 중심이 되는 역할을 하고 있답니다. 기하급수는 수학 영역에서뿐만 아니라 물리학, 공학, 생물학, 경제학, 전산학 그리고 경제학에서도 중요한 내용이죠. 다음 시간에 선생님이 조금 소개해 줄게요.

이제는 '등비급수는 기하급수이다'를 이해했지요? 이것으로 오늘 수업을 마칩니다.

여섯번째
수업 정리

무한급수 $\dfrac{1}{4}+\dfrac{1}{16}+\dfrac{1}{64}+\dfrac{1}{256}+\cdots$은 수학의 역사에서 무한히 더하는 최초의 예제 중 하나로서, 기원전 250년무렵에 살았던 아르키메데스에 의해 만들어졌으며, 그 합은 $\dfrac{1}{3}$입니다.

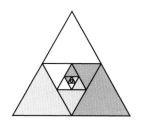

여러 급수들

등비급수의 기하 도형 표현뿐만 아니라, 등차급수, 교대급수 그리고 라이프니츠 급수의 기하 표현에 대해서 알아봅니다.

1. 등차급수의 기하 표현을 알아봅니다.

2. 교대급수의 기하 표현을 알아봅니다.

3. 라이프니츠 급수의 기하 표현을 알아봅니다.

미리 알면 좋아요

1. 자와 컴퍼스를 사용해서 정확한 삼각형과 원을 그릴 수 있습니다.

2. $\dfrac{1}{2} - \dfrac{1}{4} + \dfrac{1}{8} - \dfrac{1}{16} + \dfrac{1}{32} - \dfrac{1}{64} + \cdots$

$= \left(\dfrac{1}{2} - \dfrac{1}{4}\right) + \left(\dfrac{1}{8} - \dfrac{1}{16}\right) + \left(\dfrac{1}{32} - \dfrac{1}{64}\right) + \cdots$와 같이 표현할 수 있습니다.

3. $\dfrac{1}{2} - \dfrac{1}{4} = \dfrac{2-1}{4} = \dfrac{1}{4}$과 같은 분수를 연산할 수 있습니다.

오일러 선생님은 항상 그렇듯이 잔잔한 미소를 띠고 교실에 들어오셨습니다. 선생님이 교단에 서자마자 영수는 손을 번쩍 들고 질문을 시작했습니다.

"선생님, 지난 시간에 기하 도형으로 배우니까 참 재미도 있고 잘 기억할 수 있었어요. 이제는 '등비급수는 기하급수이다' 라는 말이 무엇인지 확실히 알 수 있어요. 그런데 선생님, 등차급수는 도형으로 표현할 수 없을까요? 그렇게 할 수 있으면 참 재미있을 텐데요."

그래요. 수학을 항상 식으로만 표현하는 것보다는 흥미로운 도형으로 표현할 수 있으면 훨씬 재미있을 거예요. 오래 기억할 수도 있고요.

오늘은 등차급수를 도형으로 표현하는 방법도 좀 알아보고, 그동안 우리가 배웠던 등차급수, 등비급수, 또는 조화급수 이외의 것들을 다양하게 알아보겠습니다.

▨ 등 차 급 수 의 기 하 표 현

등차급수 $S = 1 + 2 + 3 + \cdots + n$의 합에 대해서는 이미 다 알고 있지요?

"네. 등차급수이면서 첫 항이 1, 공차가 1이고, 항의 개수는 n개예요. 그러니까 $S = \dfrac{n(a+l)}{2} = \dfrac{n(1+n)}{2}$ 이에요."

"이런 경우에는 가우스의 방법이 더 좋아 보이기도 해요. 다시 말해서 첫 항과 마지막 항을 더하면 $n+1$인데, 이러한 것들이 모두 $\dfrac{n}{2}$개 있으니까, $S = \dfrac{n}{2}(n+1)$ 이에요."

자, 그러면 이러한 등차급수를 기하 도형으로 설명해 봅시다.

오일러가 들려주는 무한급수 이야기

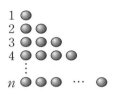

위 그림에서 보듯이, 첫째 줄에는 바둑알 한 개, 둘째 줄에는 바둑알 두 개, 그다음 줄에는 세 개, 이런 식으로 n번째 줄에는 바둑알 n개를 일렬로 늘어놓아 봅시다.

지금 우리가 구하려는 $S=1+2+3+\cdots+n$은 여기에 보이는 모든 바둑알의 개수예요. 우선 쉽게 하기 위해서 $n=5$인 경우부터 먼저해 볼게요. 검은색 바둑알을 다섯 줄로 나열해 봅시다.

그리고 나서 똑같은 모양을 복사해서 위아래로 뒤집은 모양을 파란색으로 칠해 봅시다. 이제 원래 것과 복사한 것을 합친 모양을 그려 보세요. 자, 그러면 합친 그림에는 바둑알이 모두 몇 개 보이나요?

원래 모양	복사한 모양	합친 모양

"우선 가로에 여섯 개가 있고요. 세로에 다섯 개가 있으니까, 합쳐진 직사각형에는 $6 \times 5 = 30$개가 있어요."

그렇지요. 그러면 원래 우리가 알고 싶었던 $S = 1+2+3+4+5$는 검은색 바둑알의 개수인데, 이 개수는 전체 개수의 정확히 절반이지요.

"네, 선생님. 그러니까…… $S = 1+2+3+4+5$, 즉 전체 개수 30의 절반인 15개가 되겠네요?"

그렇지요. 여기서 가로의 개수 6은 5+1이지요. 자, 이것을 일반적인 n개까지 확장해 보면 $S = 1+2+3+\cdots+n = \dfrac{(n+1)n}{2}$ 이 되어, 등차급수의 합과 똑같은 결과가 생기지요.

꼭 바둑알이 아니더라도 아래의 그림을 그릴 수도 있어요.

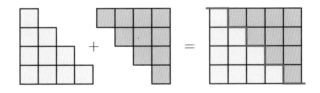

$$S + S = n(n+1)$$

따라서 $S = \dfrac{n(n+1)}{2}$

▨ 홀 수 합 의 기 하 표 현

자. 그러면 선생님이 퀴즈 하나 낼게요.

$$1=1^2$$
$$1+3=2^2$$
$$1+3+5=3^2$$
$$1+3+5+7=4^2$$
$$1+3+5+7+9=5^2$$
$$1+3+5+7+9+11=?$$

맨 마지막에 물음표를 해 놓은 부분의 값은 얼마일까요?

선생님 말씀이 끝나자마자 학생들은 금세 대답을 했습니다.

"분명히 6^2일 거예요. 확인해 보면…… $1+3+5+7+9+11$ $=36=6^2$. 맞죠?"

네, 맞아요. 그러면 이 유형을 통해 1부터 처음 n개 홀수의 합은 n^2이라는 것을 증명할 수 있을까요? 다시 말해서 $1+3+5+$

$\cdots+(2n-3)+(2n-1)=n^2$이 되는가 하는 이야기예요.

"잠시만요…… 등차급수를 사용해서 해결할 수 있어요. 첫 항은 1이고요, 공차는 2이고, n번째 마지막 항은 $2n-1$이니까,

$$S=\frac{n(a+l)}{2}=\frac{n\{1+(2n-1)\}}{2}=\frac{n(2n)}{2}=n^2$$이 되어요."

"가우스의 방법으로도 해결할 수 있을 것 같아요. 양 끝에 있는 두 항의 덧셈이 $2n$이며, 그러한 값들이 모두 $\frac{n}{2}$개 있거든요. 그러므로 $1+3+5+\cdots+(2n-3)+(2n-1)=2n\left(\frac{n}{2}\right)=n^2$이에요."

그렇지요. 이번에도 도형을 사용하여 $1+3+5+7$의 합을 표현해 봅시다.

그런데 이러한 도형을 모두 합하면 다음과 같은 정사각형으로 표현됩니다.

오일러가 들려주는 무한급수 이야기

이 정사각형은 가로세로에 각각 네 개씩의 작은 사각형이 있으

므로 모두 열여섯 개입니다. 실제로 1＋3＋5＋7＝16이지요.

학생들은 오일러 선생님의 손끝에서 벌어지는 일이 마치 마술 같다는 생각이 들 정도였습니다.

▨ 교 대 급 수 의 기 하 표 현

자, 이제는 새로운 급수를 알아봅시다. 교대급수라는 이름이 붙은 급수가 있답니다.

"교대요? 재미있는 이름 같아요. 교대라는 것은 무엇인가를 번 갈아 한다는 뜻 아닌가요? '교대로 보초를 서다' 라고 할 때 쓰는 단어인가요?"

맞아요. 우선 다음의 급수를 보세요.

$$1-\frac{1}{2}+\frac{1}{3}-\frac{1}{4}+\frac{1}{5}-\cdots$$
$$\frac{1}{2}-\frac{1}{4}+\frac{1}{8}-\frac{1}{16}+\frac{1}{32}-\frac{1}{64}+\cdots$$

이런 급수들을 교대급수라고 부릅니다. 어떤 것이 교대하고 있 나요?

"부호가 ＋, － 로 번갈아 나와요. 그래서 교대라는 뜻이에요?"

그래요, 잘 보았어요. 덧셈과 뺄셈 부호가 교대로 나오는 무한합을 교대급수라고 한답니다.

자! 그럼 교대급수 $\dfrac{1}{2}-\dfrac{1}{4}+\dfrac{1}{8}-\dfrac{1}{16}+\dfrac{1}{32}-\dfrac{1}{64}+\cdots$의 값을 계산해 봅시다. 우선 앞에서부터 두 개씩 쌍으로 묶어 보면 다음과 같이 나타낼 수 있습니다.

$$\left(\dfrac{1}{2}-\dfrac{1}{4}\right)+\left(\dfrac{1}{8}-\dfrac{1}{16}\right)+\left(\dfrac{1}{32}-\dfrac{1}{64}\right)+\cdots$$

괄호 안의 값을 먼저 계산하면 어떻게 될까요?

"$\left(\dfrac{1}{2}-\dfrac{1}{4}\right)+\left(\dfrac{1}{8}-\dfrac{1}{16}\right)+\left(\dfrac{1}{32}-\dfrac{1}{64}\right)+\cdots=\dfrac{1}{4}+\dfrac{1}{16}+\dfrac{1}{64}$ $+\cdots=\dfrac{1}{4}+\dfrac{1}{4^2}+\dfrac{1}{4^3}+\cdots$, 그리고 보니까, 첫 항과 공비 모두가 $\dfrac{1}{4}$인 무한등비급수예요."

그렇지요. 그러면 무한등비급수의 합을 구하면 되겠지요?

"네. 그러니까 무한등비급수 합을 구하면 $\dfrac{\frac{1}{4}}{1-\frac{1}{4}}=\dfrac{1}{3}$이 되네요.

다시 말해서 $\dfrac{1}{2}-\dfrac{1}{4}+\dfrac{1}{8}-\dfrac{1}{16}+\dfrac{1}{32}-\dfrac{1}{64}+\cdots=\dfrac{1}{3}$이네요."

이제는 기하 도형을 이용해서 해결해 봅시다. 우선 변의 길이가 1이 되도록 정사각형을 하나 만들어서 네 등분해 봅시다. 네 등분된 것 중에서 하나를 또 네 등분하고, 또다시 네 등분해서 그림 1을 만듭니다.

그림 1	그림 2	그림 3

이런 방법과 유사하게, 다시 그림 2를 만드는데, 단지 배치만 변화를 주었어요. 그러면 그림 1과 그림 2에서, 정사각형 A의 넓이는 $\frac{1}{2}-\frac{1}{4}$이지요.

그럼, 정사각형 B의 넓이는 얼마일까요? 또 정사각형 C의 넓이는 얼마일까요?

"B의 넓이는 $\frac{1}{8}-\frac{1}{16}$이에요. 또다시 반씩 줄여 나가니까 C의 넓이는 $\frac{1}{32}-\frac{1}{64}$이 되고요."

자. 그럼 이제는 그림 3을 보세요. 이번에도 배치를 조금 바꾸었지만, 정사각형 A의 넓이는 $\frac{1}{2}-\frac{1}{4}$이지요. 또한 직사각형 B_1과 직사각형 B_2넓이의 합은 $\frac{1}{8}-\frac{1}{16}$이고, 두 직사각형 C_1+C_2

오일러가 들려주는 무한급수 이야기

의 넓이는 $\frac{1}{32}-\frac{1}{64}$이에요.

그러므로 전체 정사각형에는 같은 넓이를 갖는 계단처럼 생긴 부분이 세 개 있으며 그 각각의 면적은 $\left(\frac{1}{2}-\frac{1}{4}\right)+\left(\frac{1}{8}-\frac{1}{16}\right)+\left(\frac{1}{32}-\frac{1}{64}\right)+\cdots$인 것이지요. 다시 말해 $\left(\frac{1}{2}-\frac{1}{4}\right)+\left(\frac{1}{8}-\frac{1}{16}\right)+\left(\frac{1}{32}-\frac{1}{64}\right)+\cdots$은 전체 면적 1을 삼등분한 값이 되어서 $\frac{1}{2}-\frac{1}{4}+\frac{1}{8}-\frac{1}{16}+\frac{1}{32}-\frac{1}{64}+\cdots=\left(\frac{1}{2}-\frac{1}{4}\right)+\left(\frac{1}{8}-\frac{1}{16}\right)+\left(\frac{1}{32}-\frac{1}{64}\right)+\cdots=\frac{1}{3}$로 표현되는 것이랍니다.

"선생님, 그러면 $1-\frac{1}{2}+\frac{1}{3}-\frac{1}{4}+\frac{1}{5}-\cdots$의 값은 어떻게 계산할 수 있나요? 지금 선생님이 하신 것처럼 처음 두 개의 항을 짝으로 만들어 보니까, $1-\frac{1}{2}+\frac{1}{3}-\frac{1}{4}+\frac{1}{5}-\frac{1}{6}+\cdots=\left(1-\frac{1}{2}\right)+\left(\frac{1}{3}-\frac{1}{4}\right)+\left(\frac{1}{5}-\frac{1}{6}\right)+\cdots=\frac{1}{2}+\frac{1}{12}+\frac{1}{30}+\frac{1}{56}+\cdots$, 그런데 어떤 규칙을 찾아보기가 어려워요."

네, 맞아요. 모든 교대급수를 항상 도형으로 표현할 수는 없어요. 더욱이 급수 $1-\frac{1}{2}+\frac{1}{3}-\frac{1}{4}+\frac{1}{5}-\cdots$의 값은 $\log 2$라는 특별한 값이 된답니다.

그러면 우리가 쉽게 계산할 수 있는 교대급수 하나만 더해 보고 다음 이야기로 넘어갈게요. $\frac{1}{3}-\frac{1}{3^2}+\frac{1}{3^3}-\frac{1}{3^4}+\frac{1}{3^5}-\cdots$의 값은 얼마일까요?

$$S = \frac{1}{3} - \frac{1}{3^2} + \frac{1}{3^3} - \frac{1}{3^4} + \frac{1}{3^5} - \cdots$$

$$= \frac{1}{3} - \left(\frac{1}{3^2} - \frac{1}{3^3} + \frac{1}{3^4} - \frac{1}{3^5} + \cdots \right)$$

$$= \frac{1}{3} - \frac{1}{3} \left(\frac{1}{3} - \frac{1}{3^2} + \frac{1}{3^3} - \frac{1}{3^4} + \cdots \right)$$

$$= \frac{1}{3} - \frac{1}{3} S$$

그러므로 $\frac{4}{3} S = \frac{1}{3}$ 이 되어서, $S = \frac{1}{4}$ 이 되지요.

"아, 선생님! 한 가지 생각이 났어요. 우리가 배운 두 가지 유형에서 공통점이 있어요.

$$\frac{1}{2} - \frac{1}{2^2} + \frac{1}{2^3} - \frac{1}{2^4} + \frac{1}{2^5} + \cdots = \frac{1}{3},$$

$\frac{1}{3} - \frac{1}{3^2} + \frac{1}{3^3} - \frac{1}{3^4} + \frac{1}{3^5} - \cdots = \frac{1}{4}$ 이잖아요. 그러면 $\frac{1}{4} - \frac{1}{4^2}$

$+ \frac{1}{4^3} - \frac{1}{4^4} + \frac{1}{4^5} - \cdots = \frac{1}{5}$ 이고, $\frac{1}{n} - \frac{1}{n^2} + \frac{1}{n^3} - \frac{1}{n^4} + \frac{1}{n^5} - \cdots$
$= \frac{1}{n+1}$ 이 될까요?"

한번 해 보세요. 재미있는 생각이에요. 수학은 누가 가르쳐 주는 것보다는, 방금 여러분처럼 스스로 생각해서 문제를 해결할 때가 정말 재미있답니다.

재미있는 급수를 하나 더 알려 줄게요. 급수 $1+\dfrac{1}{3}+\dfrac{1}{6}+\dfrac{1}{10}$ $+\dfrac{1}{15}+\dfrac{1}{21}+\cdots$을 생각해 보지요. 이런 급수는 어떻게 만들어진 것인가요?

"분모의 값이 1부터 시작해서 그다음 항의 분모는 2가 늘어나고, 또 그다음 항의 분모는 3이 늘어나고, 그다음 항의 분모는 4가 늘어나는 형태예요."

잘 보았어요. 그렇다면 이 급수의 합은 얼마일까요?

"급수의 합이요? 음…… 쉽게 계산되지 않을 것 같아요."

그래요. 쉽게 계산될 것 같지 않은 급수이지요. 하지만 이 급수의 합은 독일의 대표적인 수학자 라이프니츠가 계산했답니다. 그래서 사람들은 이것을 라이프니츠 급수라고 부른답니다. 자 보세요. 우선 구하려고 하는 급수를 S라고 표현해 봅시다.

$$S=1+\dfrac{1}{3}+\dfrac{1}{6}+\dfrac{1}{10}+\dfrac{1}{15}+\dfrac{1}{21}+\cdots$$

이 급수를 앞에 놓고 풀고 있던 라이프니츠는 얼마간 생각하더니 양변에 $\frac{1}{2}$을 곱했다고 해요.

$$\frac{1}{2}S = \frac{1}{2}\left(1 + \frac{1}{3} + \frac{1}{6} + \frac{1}{10} + \frac{1}{15} + \frac{1}{21} + \cdots\right)$$
$$= \frac{1}{2} + \frac{1}{6} + \frac{1}{12} + \frac{1}{20} + \frac{1}{30} + \frac{1}{42} + \cdots$$

그런데 $\frac{1}{2}=1-\frac{1}{2}$, $\frac{1}{6}=\frac{1}{2}-\frac{1}{3}$, $\frac{1}{12}=\frac{1}{3}-\frac{1}{4}$, $\frac{1}{20}=\frac{1}{4}-\frac{1}{5}$, $\frac{1}{30}=\frac{1}{5}-\frac{1}{6}$, ⋯ 이므로, 위의 식을 다음과 같이 변형시켰지요.

$$\frac{1}{2}S=\left(1-\frac{1}{2}\right)+\left(\frac{1}{2}-\frac{1}{3}\right)+\left(\frac{1}{3}-\frac{1}{4}\right)+\left(\frac{1}{4}-\frac{1}{5}\right)+\cdots$$

그러면 무슨 모양이 좀 보이나요?

"네. 괄호를 풀어냈을 때 서로 같은 수끼리 없어질 거예요. 그러면 $\frac{1}{2}S=1-\frac{1}{2}+\frac{1}{2}-\frac{1}{3}+\frac{1}{3}-\frac{1}{4}+\frac{1}{4}-\frac{1}{5}+\cdots=1$이 되어서, 결국 $S=1+\frac{1}{3}+\frac{1}{6}+\frac{1}{10}+\frac{1}{15}+\frac{1}{21}+\cdots=2$가 되네요?"

정말 아름다운 풀이 방법이죠. 그만큼 라이프니츠는 수학계의 거장이랍니다. 오늘 수업은 여기까지예요. 오늘 배운 내용 중에서 교대급수와 라이프니츠 급수는 잘 기억해 두면 좋을 거예요.

일곱번째
수업 정리

1 수학을 항상 식으로만 표현하는 것보다는 흥미로운 도형으로 표현한다면 훨씬 재미있게 배울 수 있고 또한 오래 기억할 수 있습니다.

2 특별히 교대급수는 기하 표현을 사용하여 급수의 합 $\frac{1}{2}-\frac{1}{4}+\frac{1}{8}-\frac{1}{16}+\frac{1}{32}-\frac{1}{64}+\cdots=\frac{1}{3}$ 임을 알 수 있습니다.

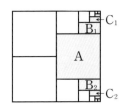

급수의 응용

수열과 급수의 내용을 왜 배우는지, 그리고 수열과 급수는 어디에 사용할 수 있는지 알아봅니다.

여덟 번째 학습 목표

1. 체스판에 놓은 곡식의 수가 기하급수적으로 증가하는 것을 알아봅니다.

2. 대장균의 기하급수적 분열에 대해 알아봅니다.

3. 환자의 질병 치료를 위해서 급수 계산이 이용됩니다.

4. 니코마코스Nikomachos 정리에 대해 알아봅니다.

미리 알면 좋아요

1. 기하급수의 계산

2. 하나가 두 배씩 늘어난다는 것은 다음과 같이 표현할 수 있습니다.

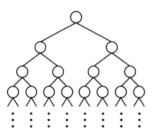

오늘은 그동안 우리가 배워 온 급수가 도대체 우리 생활에서 어떻게 사용되는지를 알아보려고 해요.

어떤 사람들은 수학이 단지 머리만 아프고 귀찮을 뿐이지 살아가는 데는 필요하지 않다고 생각해요. 그건 참 잘못된 생각이에요. 우리가 맨 처음 제논의 역설에서 배웠던 것처럼, 무한에 대한 수학 개념을 모르던 사람들은 제논의 논리가 맞는 줄로만 알았습니다. 그런데 이제 우리가 무한급수의 개념을 배우니까 제논의 주장이 잘못된 것이라는 것을 확신할 수 있게 되었지요.

오늘 수업은 재미있는 이야기로 시작하겠습니다.

▨ 두 배씩 늘어난다는 것은?

옛날 옛적 인도의 시람 왕은 어떤 신하가 체스 놀이를 발명한 것을 크게 기뻐했습니다. 왕은 신하에게 고마움을 전하면서 소원 하나를 말하면 들어주겠다고 약속했어요. 그러자 신하는 잠시 머뭇거리는 것 같더니 다음처럼 말했답니다.

"폐하, 제가 말씀드리는 소원은 그렇게 큰 것이 아닙니다. 다만 제가 개발한 체스판의 첫째 칸에 밀 두 톨, 둘째 칸에 밀 네 톨, 셋째 칸은 여덟 톨, 이런 식으로 체스판의 마지막 칸까지 두 배씩 늘려 놓는 밀을 제게 주십시오."

그 말을 들은 왕은 욕심이 없는 신하의 말에 너무 기쁘고 감탄했지요.

"좋다. 네 소원을 들어 주마."

왕은 밀 한 자루를 가져오라고 명령했고, 낱알을 헤아려 체스판에 놓으라고 지시했어요. 첫째 칸에는 밀 두 톨이 놓였습니다. 둘째 칸에는 밀 네 톨이 놓였고, 셋째 칸에는 여덟 톨이, 그다음 칸에는 열여섯 톨이, 그리고 서른두 톨이 각각 놓였답니다.

체스판은 가로세로에 각각 여덟 개 칸이 있어서 모두 예순네 칸이 있답니다. 첫째 줄의 여덟째 칸에는 256톨$2^8=256$의 밀이 놓였어요. 왕은 예상보다 많은 밀이 체스판에 놓인다고는 생각했지만 대수롭지 않게 여겼지요. 또한 한 톨을 세는 데 1초가 걸린다고 가정할 때 첫째 줄에 놓인 낱알의 수가 $2+2^2+2^3+\cdots+2^8=\dfrac{2(1-2^8)}{1-2}=2\cdot255=510$개이므로 지금까지 걸린 시간은 모두 9분이었어요. 한 줄을 9분 안에 끝낸다면 앞으로 남아있는 일곱 줄을 더 채우는 데 얼마나 시간이 걸릴까요?

두 줄이 끝나갈 무렵 $65{,}536_{2^{16}}$개의 낱알을 세고 있었고, 무려 열여덟 시간이 넘게 걸렸습니다. 셋째 줄의 마지막인 스물넷째 칸에는 $16{,}777{,}216_{2^{24}}$개의 낱알을 놓아야 했으며, 이를 세는 데는 무려 194일$\frac{16777216}{60\cdot60\cdot24}$이 넘게 걸렸답니다.

그런데 아직도 채워야 할 칸은 마흔 개가 더 남아있는 거예요.

왕은 어떻게 했을까요?

"셋째 줄 마지막 칸을 채우기 위해 낱알을 세는 데 194일이 걸렸다면……. 아무래도 왕은 약속을 깨뜨릴 수밖에 없었을 것 같은데요."

그러면 체스판의 마지막 칸인 예순네 번째에 놓을 낱알의 개수는 얼마일까요?

"다음과 같이 표를 만들 수는 있는데……. 그러면 선생님, 2^{64}의 값이 도대체 얼마나 되나요?"

칸	1	2	3	4	8	16	...	64
낱알 수	2	$2^2=4$	$2^3=8$	$2^4=16$	$2^8=256$	$2^{16}=65,536$	...	$2^{64}=?$

그래요. 마지막 칸에는 2^{64}개인 $18,446,744,073,709,551,616$개의 낱알을 놓아야 할 뿐만 아니라, 그걸 세려면 5849억 년 $\frac{2^{64}}{60 \cdot 60 \cdot 24 \cdot 365}$이 걸린답니다.

"와, 5849억 년이요?"

현재 지구의 나이가 대략 45억 년으로 추정되고 있으니까, 5849억 년은 상상할 수도 없는 기간이지요. 왕은 어느 순간에 가서 그 신하에게 속았다는 사실을 깨닫고 화가 난 나머지 신하의 목을 베었다고 합니다.

이 이야기로부터 우리가 배운 등비급수가 생각이 나나요?

"아, 네……. 그러니까 체스판의 예순네 개 칸에 모두 채워질 낱알의 수를 계산할 수 있어요. $2+2^2+2^4+\cdots+2^{64}$은 첫 항이 2이고 공비가 2이며 항의 수가 예순네 개이니까, $\frac{2(1-2^{64})}{1-2}=2(2^{64}-1)$예요."

그래요. 계산하면 $36,893,488,147,419,103,230$개의 낱알이 됩니다.

두 배씩 늘어난다는 것이 얼마나 어마어마한 일인지를 시람 왕은 잘 몰랐던 것 같아요. 왕이 이것을 미리 알았었다면 그러한 약속은 하지 않았을 텐데 말이죠.

사실 우리도 일상생활에서는 이것을 잘 실감하지 못합니다. 그래서 가령 전염병과 같은 문제가 발생하기도 하지요.

어떤 도시에 전염병에 걸린 사람이 한 명 있다고 해 봅시다. 그 한 명으로 인해 하루에 두 명씩만 계속 감염자가 늘어난다면, 한 명이 두 명으로, 또 네 명으로, 그리고 여덟 명으로…… 자꾸 감염자가 늘어나서 한 달만 지나면 아마 그 도시의 모든 사람이 감염되고 말 거예요.

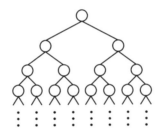

▨ 대 장 균 의 번 식

부패한 음식물에 들어 있는 대장균은 특별한 조치를 하지 않는 상황에서는 그 번식 속도가 놀랄 정도여서 매 20분 단위로 두 개씩 분열한다고 해요.

오일러가 들려주는 무한급수 이야기

사실 두 개씩 분열한다는 것이 그다지 신경이 쓰이지 않는다는 사람은 우리가 앞서 말한 시람 왕과 같은 사람이에요. 한 개가 두 개로, 두 개가 네 개로, 네 개가 여덟 개로…… 대장균의 번식 속도는 무시무시하답니다.

20분마다 분열하는 대장균 한 개는 하루 스물네 시간 뒤에 몇 개로 늘어날까요?

하루는 스물네 시간이니까, $24 \times 60 = 1440$분이지요? 그러면 20분 단위로 표를 만들어 봅시다.

분	0	20	40	$60 = 3 \times 20$	$80 = 4 \times 20$	⋯	$1440 = 72 \times 20$
개수	1	2	2^2	2^3	2^4	⋯	2^{72}

그러므로 대장균 한 개가 스물네 시간 뒤에는 2^{72}이라는 계산하기조차 어려운 어마어마한 숫자가 되고 맙니다.

$2^{72} \fallingdotseq 4.7 \times 10^{21}$이에요. 대장균 하나의 부피를 1ng나노그램, 10억분의 1(10^{-9})그램이라고 하면, 대장균 한 개가 불과 이틀 만에 지구 전체를 뒤덮을 만큼 번식한다는 거예요.

학생들은 순간 공포에 질린 얼굴을 했습니다.

그렇지만 그다지 걱정은 안 해도 돼요. 지금 여기서 말하는 기본 가정은, 대장균에 대해 전혀 통제하지 않는 경우를 가정한 것이에요. 다시 말하면, 이상적인 조건이 전제된 상황으로써, 주변

오일러가 들려주는 무한급수 이야기

환경이 무제한으로 크며, 대장균에게 적당한 영양분이 충분히 제공되고, 대장균의 천적이 존재하지 않으며 또한 질병이나 면역 등에서 벗어난다는 가정이 있는 거지요. 그러나 우리가 사는 현실 세계에서 이러한 이상적인 환경은 존재할 것 같지 않아요. 그래서 대장균이 제한 없이 급격히 성장하는 것에 대해 염려할 필요가 없답니다.

그렇지만 우리는 수학적 계산을 바탕으로 방역이나 전염병 예방 등을 계산하게 됩니다. 전염병뿐만 아니라, 우리 몸의 암세포나 종양의 성장 속도에 관한 관찰 자료를 바탕으로 적절한 치료 시기를 결정하기도 한답니다.

▨병원 처방

의사들은 환자의 질병을 치료하기 위해 적절한 약과 주사를 처방합니다. 우리 몸에 투약된 약물은 신체의 신진대사로 말미암아 일정 부분이 몸 밖으로 배설되지요. 우리의 신체 기관 중에서 신장은 대사 과정의 최종 산물이나 외부 물질들을 배설하여 체액의 양, 삼투압, 전해질량과 그 농도 및 산성도 등을 조절하는 중요한 역할을 합니다. 그러므로 의사가 환자에 약물을 처방할 때는 약물의 효용도와 더불어 그 환자의 신장의 기능을 함께 고려하게 된답니다.

영수와 철수가 운동장에서 축구를 하다가 영수가 다리를 다쳐서 병원에 갔다고 합시다. 치료를 담당한 의사는 앞으로 열흘 동안 여덟 시간마다 220mg인 알약을 두 개씩을 먹어야 한다고 처방해 주었어요. 평소에 건강하던 영수의 신장은 체내에서 여덟 시간마다 60%를 걸러 내는 기능을 한다고 해 봅시다.

(1) 열흘 뒤 영수의 몸속에는 어느 만큼의 약물이 남아 있을까요?

(2) 만약 한 해 동안 이 약을 계속 먹는다면 영수의 몸에는 약이 얼마나 남아 있을까요?

(3) 이 약을 장기 투약하면 어떻게 될까요?

이런 모든 상황을 고려해서 의사 선생님은 환자를 처방하는 거지요. 이제 문제를 해결해 봅시다.

처음으로 약을 두 알 먹으면 440mg의 약을 먹는 것인데, 여덟 시간 뒤에는 그중에서 60%는 소변으로 배출되니까, 몸속에는

40%가 남게 되지요. 다시 말해서 $440 \times 0.4 = 176$mg이 남는답니다. 그런데 의사 선생님이 여덟 시간 뒤에 또 약을 먹으라고 하셨으니까, 영수의 몸속에는 모두 $440 + 440(0.4)$mg의 약물이 있는 거예요.

자. 표를 하나 만들어 보면 좋겠지요? 처음 세 번째 투약까지의 상황을 알아봅시다.

투약 횟수	1회 투약	2회 투약8시간 뒤	3회 투약16시간 뒤
몸속 약물의 양	440	$440 + 440(0.4)$	$440 + 440(0.4) + 440(0.4)^2$

그렇다면 열흘 동안 꾸준히 약을 먹는다면 모두 몇 번이나 먹게 되나요?

"하루가 스물네 시간인데 열흘이므로 모두 240시간이에요. 그런데 여덟 시간마다 먹으면 모두 $1 + \dfrac{240}{8} = 31$번 먹게 되어요."

"이렇게 생각해도 될 것 같아요. 여덟 시간마다 한 번씩 먹으면 하루에 세 번 먹게 돼요. 그런데 열흘 동안 먹을 것이니까 서른 번이 되고요. 맨 처음 먹는 것을 생각한다면 모두 서른한 번을 먹게 돼요."

그렇죠. n번째 투약 이후의 몸에 남아있는 약의 양을 a_n이라고 해 봅시다. 그러면 다음과 같죠.

$a_1 = 440$

$a_2 = 440 + a_1(0.4) = 440 + 440(0.4)$

$a_3 = 440 + a_2(0.4) = 440 + \{440 + 440(0.4)\}(0.4)$

$\quad = 440 + 440(0.4) + 440(0.4)^2$

$\qquad \vdots$

$a_{n+1} = 440 + a_n(0.4)$ (단, $1 \le n \le 31$)

"어, 그러면 이게 뭐예요? $a_3 = 440 + 440(0.4) + 440(0.4)^2$을 보니까, 등비급수인데요? 첫 항이 440이고 공비가 0.4예요."

네, 맞아요. 그렇다면, 일곱 번째 약을 먹은 뒤 몸속에 남은 약물의 양을 알 수 있을까요?

"아, 그거요? 일곱 번 약을 먹은 뒤의 양은 a_7이니까, $a_7 = 440 + 440(0.4) + \cdots + 440(0.4)^6 = \dfrac{440\{1 - (0.4)^7\}}{1 - 0.4} = 732.13$이에요."

잘 이해했군요. 그래서 n번째 약을 먹으면 체내에 남아 있는 약의 양은 다음과 같이 되지요.

$a_n = 440 + 440(0.4) + 440(0.4)^2 + \cdots + 440(0.4)^{n-1}$

이제 수열의 성질_{첫 항 440, 공비 0.4}을 사용하여 계산하면

오일러가 들려주는 무한급수 이야기

$$a_n = 440 + 440(0.4) + 440(0.4)^2 + \cdots + 440(0.4)^{n-1}$$

$$= 440(1 + 0.4 + 0.4^2 + 0.4^3 + \cdots + 0.4^{n-1})$$

$$= 440\left(\frac{1 - 0.4^n}{1 - 0.4}\right) \fallingdotseq 733.33(1 - 0.4^n) \text{ 가 되지요.}$$

자, 이제 선생님이 앞에서 질문한 것들을 대답할 수 있을까요?

"문제 (1)에서 열흘 뒤 몸속에 있는 약의 양은, a_{31}을 계산하면 되니까, $a_{31} = 733.33(1 - 0.4^{31}) = 733.333 \text{mg}$이에요."

"문제 (2)에서 한 해365일동안 계속하여 약을 복용하였을 때, 몸속에 남아 있는 약의 양은 $n = 365 \cdot 3 + 1 = 1096$에 대해 a_n을 구하면 되니까…… 이 값은 다음과 같아요. $a_{1096} = 733.33(1 - 0.4^{1096}) = 733.33$이요."

"문제 (3)에서, 이 약을 장기 투약한다는 것은 무한등비급수로 생각해 보면 될 것 같아요. 그러면 $\dfrac{a}{1-r}$이니까 $\dfrac{440}{1 - 0.4} = 733.3333\cdots$가 돼요."

잘했어요. 결국 약을 아무리 오래 복용하여도 몸속에 남아 있는 약물의 양은 대략 733.33mg로 일정해지는 거랍니다.

▨ 세 제 곱 의 합 과 합 의 두 제 곱 - 니 코 마 코 스 정 리

1부터 n까지 정수들의 세제곱의 합을 A라고 합시다. $A = 1^3$

$+2^3+3^3+\cdots+n^3$이 되고, 1부터 n까지 정수들을 모두 더하여 제곱한 값을 B라고 하면 $B=(1+2+3+\cdots+n)^2$이 됩니다.

A와 B의 값을 비교할 수 있을까요? 우선은 간단한 값부터 시작해 보지요. 만약 $n=3$일 때, A와 B의 값을 구해 보세요.

"$n=3$이면 A$=1^3+2^3+3^3=36$이고요, B$=(1+2+3)^2=6^2$ $=36$이에요. 와! 두 값이 같아요."

오일러 선생님은 환하게 웃습니다.

그러면 $n=4$일 때 A, B의 값을 구해 볼까요?

"$n=4$이면 A$=1^3+2^3+3^3+4^3=100$이고요, B$=(1+2+3+4)^2=10^2=100$이에요. 두 값이 같아요. 그렇다면 혹시, 항상 A$=$B가 된다는 말씀인가요?"

그럴지도 모르지요. 해 봅시다.

$1^3+2^3+3^3+\cdots+n^3=(1+2+3+\cdots+n)^2$이 될까요? 물론 된답니다. 우리는 이러한 것을 니코마코스Nikomachos 정리라고 불러요. 이런 문제는 수학적 귀납법이라는 방법을 사용하여 쉽게 증명할 수 있답니다. 그런데 여기서 선생님은 도형을 사용해서 보여 주려고 해요. 1부터 n까지를 모두 해 볼 수도 있지만, 여기 서는 1부터 3까지만 해 보지요.

아래 그림처럼 바둑알을 나열해 보면 $(1+2+3)^2=1^3+2^3+3^3$인 것을 쉽게 볼 수 있답니다.

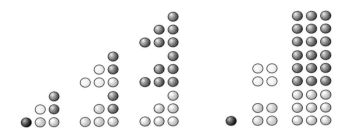

$$(1+2+3)^2 = 1^3 + 2^3 + 3^3$$

한편, $1^3 + 2^3 + 3^3 + 4^3 + \cdots$을 다음처럼 나타낼 수 있지요.

$1^3 + 2^3 + 3^3 + 4^3 + \cdots = 1 + 8 + 27 + 64 + 125 + \cdots$ 그런데 $8 = 3 + 5$, $27 = 7 + 9 + 11$, $64 = 13 + 15 + 17 + 19$, $125 = 21 + 23 + 25 + 27 + 29$, $\cdots$이므로 $1^3 + 2^3 + 3^3 + 4^3 + \cdots = 1 + 8 + 27 + 64 + 125 + \cdots = (1) + (3 + 5) + (7 + 9 + 11) + (13 + 15 + 17 + 19) + (21 + 23 + 25 + 27 + 29) + \cdots = 1 + 3 + 5 + 7 + 9 + 11 + 13 + 15 + 17 + 19 + 21 + 23 + 25 + 27 + 29 + \cdots$가 되지요.

결국, 1부터 시작해서 연속된 홀수의 합은 1부터 어느 정도 수까지를 세제곱한 수의 합으로 표시된다는 것입니다.

그러면 이것을 다시 니코마코스 정리와 연결해서 생각해 보면, 1부터 시작해서 연속된 n개의 홀수의 합은 n의 제곱수가 된다는 것을 의미합니다.

"정말요? $1+3=4=2^2$, $1+3+5=9=3^2$, $1+3+5+7=16$ $=4^2$, $1+3+5+7+9=25=5^2$, … 와, 정말 신기해요!"

"그런데 선생님? 이것은 우리가 지난번에 배운 것으로도 해결할 수 있어요. 왜냐하면 1부터 연속된 홀수의 합 S는 S=1+3 $+5+\cdots+(2n-1)$인데, 이것은 첫 항이 1이고 공차가 2이며 항의 개수가 n개인 등차수열이거든요. 그러면 $S=2n\left(\dfrac{n}{2}\right)=n^2$ 처럼 제곱수가 되지 않나요?"

그렇답니다. 수학은 하나의 문제를 해결할 때 다양한 방법이 있습니다. 서로가 토론하며 공부하면 보다 더 다양한 아이디어를 얻을 수 있지요.

수열의 합에 관한 다음의 결과를 기억해 두면 편리합니다.

합	기호	공식	설명
$1+2+\cdots+n$	$\displaystyle\sum_{k=1}^{n}k$	$\dfrac{n(n+1)}{2}$	가우스 형태
$1^2+2^2+\cdots+n^2$	$\displaystyle\sum_{k=1}^{n}k^2$	$\dfrac{n(n+1)(2n+1)}{6}$	제곱의 합
$1^3+2^3+\cdots+n^3$	$\displaystyle\sum_{k=1}^{n}k^3$	$\left\{\dfrac{n(n+1)}{2}\right\}^2$	세제곱의 합
$1+r+r^2+\cdots+r^n$	$\displaystyle\sum_{k=0}^{n}r^k$	$\dfrac{1-r^{n+1}}{1-r}$	기하급수

다음 시간에도 종이와 자와 색연필을 준비해 오세요.

학생들은 지난번에 '등비급수는 기하급수다'를 배우던 때를 기억하면서 다음 수업 시간을 기다리게 되었습니다.

오일러가 들려주는 무한급수 이야기

여덟번째
수업 정리

① 수학이 단지 머리만 아프고 귀찮을 뿐이지 살아가는 데는 필요하지 않다고 생각하는 사람들도 있습니다. 제논의 역설에서 배웠던 것처럼, 무한에 대한 수학 개념을 모르던 사람들은 제논의 논리가 맞는 줄로만 알았습니다. 그런데 이제 우리가 무한급수의 개념을 배우니까 제논의 주장이 잘못된 것이라는 것을 확신할 수 있게 되었지요. 또한 응용에서 보았듯이, 무한급수의 이론은 전염병 확산을 방지하거나 환자를 치료하는 데도 사용할 수 있습니다.

② 합에 대한 결과를 기억해 두면 편리합니다.

합	기호	공식	설명
$1+2+\cdots+n$	$\sum_{k=1}^{n} k$	$\dfrac{n(n+1)}{2}$	가우스 형태
$1^2+2^2+\cdots+n^2$	$\sum_{k=1}^{n} k^2$	$\dfrac{n(n+1)(2n+1)}{6}$	제곱의 합
$1^3+2^3+\cdots+n^3$	$\sum_{k=1}^{n} k^3$	$\left\{\dfrac{n(n+1)}{2}\right\}^2$	세제곱의 합
$1+r+r^2+\cdots+r^n$	$\sum_{k=0}^{n} r^k$	$\dfrac{1-r^{n+1}}{1-r}$	기하급수

기하급수의 진화와
제논의 역설

등비급수로부터 프랙탈 이론까지의 연결 고리를 알아보고, 제논 역설의 허점을 말해 봅니다. 또한 무한급수를 사용하여 간단한 프랙탈 계산을 해 봅니다.

아홉 번째 학습 목표

1. 수학은 끊임없이 발전합니다. 기원전 500년 무렵의 제논으로부터, 18세기 오일러를 거쳐 21세기 프랙탈 이론까지의 연결 고리를 알아봅니다.

2. 무한급수를 사용한 간단한 프랙탈 계산을 해 봅니다.

미리 알면 좋아요

1. 제논의 역설 아킬레스와 거북이의 시합을 다시 기억합니다.

2. 제논의 또 하나의 역설인 화살 쏘는 사람도 잘 생각해 봅니다.

오일러의
아홉 번째 수업

오늘도 오일러 선생님은 온화하고 인자한 얼굴로 교실에 들어
왔습니다. 그렇지만 지난번 수업 시간과는 달리 조금은 심각한
표정입니다. 아마 마지막 수업 시간이어서 섭섭한 모양입니다.
학생들도 섭섭하기는 마찬가지입니다. 학생들의 책상에는 자와
색연필들이 놓여 있습니다.

자! 오늘은 우리가 그동안 배워 온 무한급수가 어떻게 발전했

는지를 간단히 들려주려고 해요. 오늘 공부할 것은 이런 도형들이에요.

여러분은 혹시 이러한 도형의 둘레 길이를 구할 수 있나요? 면적은 계산할 수 있어요?

"도대체 삼각형도 아니고, 사각형도 원도 아닌 도형의 둘레를 어떻게 구하죠? 게다가 면적까지도요."

그렇지요? 이렇게 생긴 도형의 둘레를 구하기는 쉽지 않을 것 같지요?

등비급수와 프랙탈

우리가 배운 등비급수는 컴퓨터의 발전과 더불어서 21세기 수학과 공학에서 빼놓을 수 없는 프랙탈 기하로 진화했답니다.

"기하요? 지난 시간에 기하급수를 할 때 배운 기하 말씀이신가요?"

그래요. 우리는 그러한 기하를 유클리드 기하라고 불러요. 인간이 설계한 대부분의 건축물은 주로 직선과 단순한 곡선으로 이루어져 있으므로 유클리드 기하학으로 잘 설명되고 계산할 수 있답니다.

그런데 자연계의 수많은 대상, 가령 해안선의 길이, 산의 모습, 구름의 모양 등은 너무 복잡하고 불규칙하기 때문에 유클리드 기하로는 설명이 불충분하지요. 그러나 외형상 불규칙해 보이는 자연계 구조도 자세히 관찰해 보면 어떤 규칙성이 있어서, 그 공간적 구조가 기하학적 규칙성으로 나타나요. 그러한 모형을 프랙탈 기하라고 해요.

'프랙탈fractal'이란 용어는 만델브로트가 1975년에 쓴 저서의 제목으로 처음 사용한 아주 특별한 단어랍니다. 만델브로트는 다음과 같이 설명했어요.

나는 프랙탈이라는 개념을 라틴어 형용사인 프락투스fractus에서 가져왔다. 이에 해당하는 라틴어 동사 프란게리frangere는 불규칙한 조각들을 깨다, 부수다라는 뜻이다. '불규칙'과 '깨어진'이라는 의미는 이 개념에 꼭 들어맞는다. 프락투스라는 단어처럼 어떤 물질을 부숴도 전체의 모습을 유지하고 있다는 뜻이다.

※만델브로트B. Mandelbrot, 1924~2010는 폴란드에서 태어나 후에 미국으로 이주한 수학자로 예일 대학 교수를 지냈으며 프랙탈의 아버지라 불린다.

예를 들어 바닷가의 해안선의 길이를 측정한다고 해 봅시다. 축척이 큰 지도에서 매끄러운 직선처럼 보이는 해안도, 자세히 보면 매우 불규칙하여 불룩 튀어나온 곳과 움푹 들어간 곳이 있습니다. 처음 지도에서 1000km 정도로 보이던 해안선을 확대하면 2000km 정도로 나타나며 아주 정밀한 지도에서는 3000km로도 보일 수 있지요.

하늘에서 해안선을 찍으면 고도를 낮출수록 해안선의 복잡한 모양이 더욱 드러난다.

"선생님, 그러면 어떤 단위의 자로 재느냐에 따라 해안선의 길

오일러가 들려주는 무한급수 이야기

이가 얼마든지 달라질 수 있다는 말씀이세요?"

　그래요. 해안선 길이의 정확한 값은 존재하지 않고, 단지 인간이 의도적으로 선택한 척도에 따라 결정되는 임의의 값이 있을 뿐이에요.

　만델브로트는 전체를 부분으로 나누었을 때 그 각 부분이 전체를 축소해 놓은 것과 같은 기하학적 형상으로써 프랙탈을 설명했지요.

▨프랙탈의 자연현상

프랙탈 현상은 자연계에서 아주 많이 볼 수 있어요.

나뭇가지들은 큰 줄기에서 작은 가지로 갈라질 때 원래 줄기의 모습과 거의 같은 모습이지요. 고사리의 잎이나 브로콜리 같은 식물들도 전체에서 한 조각을 떼어 내도 원래 모양과 유사한 형태를 유지하며, 이런 형태는 강줄기와 지류에서도 발견된답니다. 신체 혈관의 모양도 마찬가지여서, 허파에서 동맥이 갈라져 실핏줄을 이루는 구조 역시 프랙탈의 예랍니다. 눈송이의 구조, 우주의 신비스런 모습, 산맥의 지형, 너울이 밀려오는 해안선의 모습, 뭉게구름의 형상 등 주변의 많은 것들에서 프랙탈 구조를 쉽게 발견할 수가 있습니다.

오일러가 들려주는 무한급수 이야기

바로 이러한 프랙탈의 특징은 '자기닮음'과 '자기순환'이라는 두 단어로 설명되는데, 자기닮음성을 전제로 자기복제를 반복하는 프랙탈을 이해하려면 무한합의 개념이 필수적이랍니다.

프랙탈 무한의 설명은 아무래도 칸토어부터 시작해야 돼요.

▨칸토어 집합

"칸토어는 무한을 처음으로 계산한 수학자라고 선생님이 소개해 주셨던 분이 아닌가요?"

네, 그래요. 이제부터 자와 색연필 등을 사용해서 선생님이 지시하는 대로 그려 봅시다.

단위 구간 $[0, 1]$을 먼저 그린다.	
$[0, 1]$을 삼등분하여 중간 부분 $\left(\dfrac{1}{3}, \dfrac{2}{3}\right)$을 없앤다.	
남은 두 구간 $\left[0, \dfrac{1}{3}\right], \left[\dfrac{2}{3}, 1\right]$을 다시 각각 삼등분하여 중간 부분을 없앤다.	
위 단계를 계속 반복한다.	

이런 일을 계속 반복하면 다음과 같은 그림이 만들어지지요.

길이가 1인 선분으로부터 시작해서 버려진 전체 길이를 계산할 수 있을까요?

처음에는 길이 $\frac{1}{3}$을 버렸어요. 그다음에는 길이 $\frac{1}{3}$인 작은 구간을 다시 삼등분해서 한 부분을 버렸기 때문에 버려진 길이는 $\frac{1}{3} \times \frac{1}{3}$인데, 그런 것이 두 개가 있고요. 그다음에는 길이 $\frac{1}{3} \times \frac{1}{3} \times \frac{1}{3}$인 것을 네 개 버린 거예요. 그러니까 잘라 버린 길이의 합은 $\frac{1}{3} + \frac{2}{3^2} + \frac{2^2}{3^3} + \frac{2^3}{3^4} + \cdots$이 됩니다.

"이것은 무한등비급수의 형태네요? 첫 항이 $\frac{1}{3}$이며 공비가 $\frac{2}{3}$이니까, $\dfrac{\frac{1}{3}}{1-\frac{2}{3}} = 1$이 되고요."

"선생님. 그렇다면, 전체 길이 1에서 남는 선분의 길이는 0이라는 건가요?"

그래요. 이것은 칸토어가 무한집합을 설명하기 위해 한 일이에요. 이제 자를 사용해서 다른 프랙탈 그림을 몇 개 더 그려 봅시다.

오일러가 들려주는 무한급수 이야기

코흐 곡선과 눈송이

지금 그려 보려고 하는 것은 1904년에 코흐N.F.H. von Koch, 1870~1924가 만든 코흐 곡선이란 것이에요. 조금 전에 공부했던 칸토어 직선과 유사한데, 이번에는 선분을 버리는 대신에 별 모양을 만들어 가는 거예요.

자. 시작합니다.

(1) 길이 1인 선분을 그린다.

(2) 선분을 삼등분하여 가운데 선분을 버리고, 그 대신 같은 크기의 선분으로 밑변 없는 이등변삼각형을 만든다.

(3) 네 개의 선분 각각에 조금 전에 (2)단계에서 했었던 일을 반복한다.

(4) 이러한 일을 몇 번 계속 반복한다.

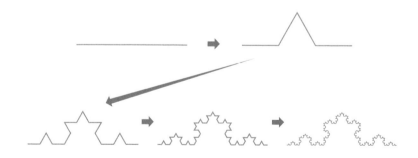

점점 별 모양의 예쁜 그림이 그려지면서 학생들은 즐거워했습니다.

그래요. 이런 일을 계속 반복하면 다음과 같은 아름다운 그림을 그릴 수 있는데, 이것이 바로 코흐 곡선이랍니다.

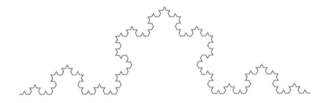

자, 그러면 코흐 곡선을 조금 바꾸어서 더 아름다운 모양을 만들어 봅시다. 이번에는 아름다운 눈꽃송이를 만들 거예요. 이번에 시작은 삼각형으로 해요. 삼각형 각 세 변에 대해, 조금 전에 코흐 곡선을 만들 때 했었던 것처럼 삼등분하여 새로운 삼각형을 만들어 가는 거지요.

"선생님, 너무 아름다워요. 정말로 눈송이 같아요."

오일러가 들려주는 무한급수 이야기

그렇지요. 코흐 곡선이나 눈송이 곡선의 어느 부분을 확대해 보더라도 바로 직전의 도형 또는 자기 자신과 유사한 모양을 볼 수 있어요.

오늘 수업을 시작하면서 선생님이 냈던 문제 기억하나요?

이러한 도형의 둘레와 면적을 계산해 보는 것이었지요. 자, 어때요? 해 볼 만할 것 같은가요? 우선 둘레를 계산해 봅시다. 처음에 있는 정삼각형의 둘레는 쉽게 구할 수 있지요?

"네. 둘레는 3이에요."

그다음에는 어떻게 되었나요?

"처음 삼각형의 각 변에서 길이가 $\frac{1}{3}$인 선분이 세 개 늘었으니까, 둘레는 $3+\left(\frac{1}{3}\times3\right)$이지요."

그래요. 그다음의 것은 조금 복잡해 보이지요. 그러나 프랙탈의 성질대로, 복잡해 보이는 각 부분을 집중해서 보면 바로 전단계의 형태가 그래도 보인답니다.

"아, 네. 보이는 것 같아요. 바로 앞의 도형에서 길이가 $\frac{1}{3^2}$인 선분이 3×4개 새로 생겼어요. 그러므로 둘레는 $3+\left(\frac{1}{3}\times3\right)+\left(\frac{1}{3^2}\times3\times4\right)$이에요."

참 잘했어요. 그런데 그다음 도형을 보니까 많이 복잡해져서 눈으로 분별하기가 쉽지 않지요? 그러니까 이제는 수학의 패턴을 보도록 합시다.

둘레가 3에서 $3+\left(\frac{1}{3}\times3\right)$, 다시 $3+\left(\frac{1}{3}\times3\right)+\left(\frac{1}{3^2}\times3\times4\right)$로 바뀌었으니까, 이다음 단계에서 둘레는 얼마일까요?

"이번에도 바로 앞의 도형에서 길이가 $\frac{1}{3^3}$인 선분이 $3\times4\times4$개 새로 생겼고, 그래서 둘레는 $3+\left(\frac{1}{3}\times3\right)+\left(\frac{1}{3^2}\times3\times4\right)+\left(\frac{1}{3^3}\times3\times4\times4\right)$이에요."

"둘레의 패턴은 $3+\left(\frac{1}{3}\times3\right)+\left(\frac{1}{3^2}\times3\times4\right)+\left(\frac{1}{3^3}\times3\times4\times4\right)+\left(\frac{1}{3^4}\times3\times4\times4\times4\right)+\cdots$이에요."

"이제 둘레를 계산할 수 있어요. 급수 $3+1+\left(\frac{4}{3}\right)+\left(\frac{4}{3}\right)^2+\left(\frac{4}{3}\right)^3+\cdots$가 되는데, 처음 두 개의 항을 제외하고는 무한등비급수의 형태예요. 그런데 공비가 $\frac{4}{3}$로서 1보다 크니까, 둘레를 계산하는 무한등비급수의 값은 무한이 되는데요?"

자, 그러면 면적은 어떨까요? 이번에도 처음 정삼각형의 면적

오일러가 들려주는 무한급수 이야기

을 1이라고 합시다.

학생들은 서로서로 말하기 시작했습니다.

"두 번째 단계에서 작은 삼각형 세 개가 새로 생겼는데, 그 각각은 원래 삼각형 면적의 $\frac{1}{9}$이므로, 전체 면적은 각 $1+\left(\frac{1}{9}\times 3\right)$이야."

"세 번째 단계에서도 더 작은 삼각형이 3×4개 추가되었는데, 그 각각의 면적은 $\frac{1}{3^4}$이지. 그러니까 전체 면적은 각 $1+\left(\frac{1}{9}\times 3\right)+\left(\frac{1}{3^4}\times 3\times 4\right)$가 되는 거야."

"아, 그러면 그다음 단계의 면적은 $1+\left(\frac{1}{9}\times 3\right)+\left(\frac{1}{3^4}\times 3\times 4\right)$ $+\left(\frac{1}{3^6}\times 3\times 4\times 4\right)$가 되겠는데?"

"선생님, 그러면 이러한 단계를 무한히 반복했을 때의 면적은 $1+\left(\frac{1}{3^2}\times 3\right)+\left(\frac{1}{3^4}\times 3\times 4\right)+\left(\frac{1}{3^6}\times 3\times 4^2\right)+\left(\frac{1}{3^8}\times 3\times 4^3\right)+$ $\cdots=1+\frac{1}{3}+\frac{1}{3}\left(\frac{4}{9}\right)+\frac{1}{3}\left(\frac{4}{9}\right)^2+\frac{1}{3}\left(\frac{4}{9}\right)^3+\cdots$이 되겠네요?

이 급수의 두 번째 항부터의 합은 $\dfrac{\frac{1}{3}}{1-\frac{4}{9}}=\frac{3}{5}$이 되어서, 전체 면적은 $1+\frac{3}{5}=\frac{8}{5}$이 되고요."

학생들은 입을 다물 수 없을 정도로 놀라기도 하면서 정말 재미있다고 생각했습니다.

우리의 수업은 제논이 말한 거북이와 아킬레스의 달리기 시합에 관한 패러독스역설로부터 시작했지요. 이제 다시, 맨 처음 제논의 역설로 돌아가 봅시다. 혹시 이런 이야기 들어 보았나요?

▨ 제논의 활쏘기 역설

활 잘 쏘기로 유명한 흑기사가 10m 앞에서 과녁을 향하여 힘차게 화살을 당기고 있습니다. 이제 막 화살을 쏘려는 바로 그때에, 옆에 서 있던 흰 수염을 날리는 어떤 노인이 중얼거립니다.

"그 화살을 아무리 당겨 보아도 절대로 과녁에 도착하지 못할걸? 헛수고야, 헛수고."

그 바람에 흑기사는 화살을 놓쳐 버렸습니다.

"아니 뭐라고요? 나는 수십 년 동안 화살을 쏘았어요. 항상 과

벽에 맞았다고요!"

노인이 말하는 것은 무슨 뜻일까요? 이 노인은 역시 제논이랍니다. 그의 주장은 지난번에 아킬레스와 거북이의 달리기만큼이나 괴상한 논리이지요. 왜냐하면 우리가 방 안에서 벽을 향해 화살을 쏘거나 공을 던지면, 화살이나 공이 벽에 곧 도달한다는 것은 우리의 경험으로 잘 알고 있기 때문입니다.

당시 그리스 사람들은 또다시 제논에게 소리 질렀습니다.

"제논 씨, 그게 무슨 말입니까? 설명 좀 해 보세요."
"음. 시간의 한순간에서 보면 정지한 화살이나 날아가는 화살이나 다른 것은 아무것도 없습니다. 과녁까지의 거리를 1이라 합시다. 화살이 거리 1을 날아서 과녁에 도착하기 위해서는, $\frac{1}{2}$ 거리를 날아가야 합니다. 그다음에는 $\frac{1}{4}$ 거리, 또 그다음에는 $\frac{1}{8}$ 거리를 날아가야 하는데…… 이런 일이 계속될 것입니다."

사람들은 또다시 웅성웅성했답니다.

"그래, 제논의 말이 맞아. 역시 제논이야."

"자, 그러니까 화살이 날아간 거리를 아무리 합쳐도 1이 되지는 못한다는 것이야. 다시 말하면 화살이 1 만큼의 거리를 날아가려면, 화살은 반드시 $\frac{1}{2}$지점을, 또 좀 더 지나서 $\frac{1}{2}+\frac{1}{4}$지점을, 또 언젠가는 $\frac{1}{2}+\frac{1}{4}+\frac{1}{8}$지점을 지날 수밖에 없지. 화살과 과녁 사이에는 무수히 많은 점이 있는데, 화살이 이 모든 점을 통과하려면 무수히 많은 시간이 소요되고, 결국 화살은 과녁에 도달할 수가 없다는 거야. 다시 말하면 '나는 화살은 멈춰 있는 것이다' 라는 말이지."

"제논의 설명이 맞는 것 같은데, 그래도 이상해⋯⋯. 아무리 생각해 봐도 나는 화살이 멈춰 있는 것이라니⋯⋯. 도대체 제논만 나타나면 머리가 아파진단 말이야."

그 사이에 흑기사는 화살을 당겼습니다. 어떻게 되었을까요?

"물론 화살은 과녁에 명중했을 거예요!"

그러면 제논의 논리에 대해 어떻게 반박할 수 있을까요?

"아⋯⋯ 이제 알 것 같아요! 바로 무한급수가 수렴한다는 이론이에요. 그동안 선생님께서 설명해 주셨어요."

오일러가 들려주는 무한급수 이야기

그렇습니다. 화살이 날아간 거리는 $\frac{1}{2}+\frac{1}{4}+\frac{1}{8}+\frac{1}{16}+\frac{1}{32}$ $+\cdots$인데, 이것은 첫 항이 $\frac{1}{2}$이고 공비가 $\frac{1}{2}$인 무한등비급수이 므로 $\frac{1}{2}+\frac{1}{4}+\frac{1}{8}+\frac{1}{16}+\frac{1}{32}+\cdots=\dfrac{\frac{1}{2}}{1-\frac{1}{2}}=1$이 되어서, 결 국 전체 거리를 다 날아가서 과녁에 도착하는 거지요. 어때요, 무 한등비급수가 여러분의 수학적 호기심을 끌만 했나요?

아쉽지만 오늘은 마지막 시간이지요. 그동안 많이 수고했어요. 내가 보여준 것처럼 주어진 식을 계산하는 것만이 중요한 게 아 니라 우리 주변에서 찾을 수 있는 현상이나 의문들에 대해 수학 적으로 생각해 보는 것이 중요해요. 그럼 변화할 여러분의 모습 을 기대하며 수업을 마치도록 할게요.

▨제논, 그는 누구인가

그리스 철학자 제논Zenon, B. C. 490~B. C. 425은 그 당시 반박하 기 어려운 여러 가지 역설을 내놓아 많은 사람들을 당황하게 하 였습니다. 그의 역설들 가운데 가장 유명한 것이 '아킬레스와 거 북이'이에요.

사람들은 제논의 결론이 분명히 틀렸다는 것을 알고 있으나,

오일러가 들려주는 무한급수 이야기

그의 논리적 증명 과정에서 어디가 잘못된 것인지를 반박하지 못했습니다. 제논의 역설은 시간과 공간이 무한히 분할될 수 있다는 이론입니다. 당시 사회는 이를 궤변으로 치부해 버렸으며, 당대의 대표적 사상가인 아리스토텔레스조차 제논의 논증을 궤변으로 낙인찍어 버렸어요. 제논은 그 사회의 이단아로 몰리면서 그의 위대한 사유는 조롱받았는데, 제논의 역설을 이해하고 해결하는 데는 무려 2천 5백 년의 세월이 필요했답니다. 많은 수학자을 괴롭혀 오던 제논의 역설은 코시와 칸토어 등의 수렴이론과 무한론으로 극복되기에 이르렀지요. 결국 제논의 역설은 '무한급수의 수렴'이라는 새로운 개념으로 해결되었습니다.

이러한 역설들이 얼마나 당혹스러웠던지 제논은 그 나라의 왕에게 미움을 받아 무참히 처형되었다고 해요. 처형 당시 그는 형장에서 마지막으로 왕에게 직접 전해야 할 중대한 비밀이 있다며 왕에게 가까이 가서 왕의 귀를 물어뜯었는데, 왕을 호위하던 병사의 칼로 목이 잘린 뒤에도 왕의 귀를 물고 있었다고 해요. 그만큼 그가 얼마나 집념이 강한 사람인지를 충분히 짐작할 수 있겠죠?

그의 죽음과 관련된 또 다른 전설도 있어요. 사형 선도를 받자

왕에게 책을 주면서 그 속에 중요한 비밀이 담겨 있으니 직접 읽어 보라고 하였답니다. 책장이 붙어 있어 넘길 수가 없었고, 왕은 손가락에 침을 묻혀 가며 넘겼지만 아무 내용도 없었다고 해요. 사형장에서 제논은 "나를 처형하는 왕! 당신도 그 책장마다 묻은 독을 입에 묻혔으니 곧 죽게 될 것"이라고 저주하며 죽어 갔다고 해요. 물론 전설이에요.

오일러가 들려주는 무한급수 이야기

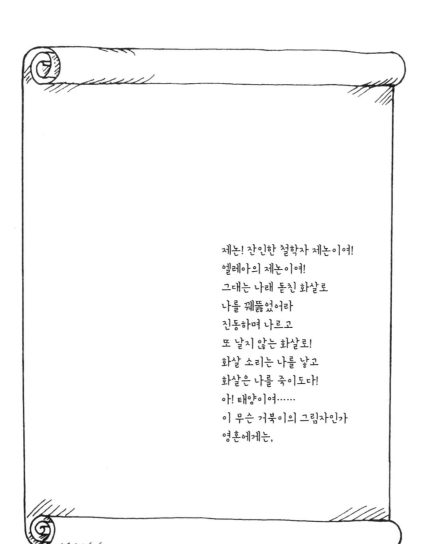

제논! 잔인한 철학자 제논이여!
엘레아의 제논이여!
그대는 나래 돋친 화살로
나를 꿰뚫었어라
진동하며 나르고
또 날지 않는 화살로!
화살 소리는 나를 낳고
화살은 나를 죽이도다!
아! 태양이여……
이 무슨 거북이의 그림자인가
영혼에게는,

아홉번째
수업 정리

❶ 자연계의 수많은 대상, 예를 들어 해안선의 길이, 산의 모습, 구름의 모양 등은 너무 복잡하고 불규칙하기 때문에 유클리드 기하로는 설명이 불충분합니다. 그러나 외형상 불규칙해 보이는 자연계 구조도 자세히 관찰해 보면 어떤 규칙성이 있습니다. 그 공간적 구조가 기하학적 규칙성으로 나타난 모형을 프랙탈 기하라고 합니다.

❷ 칸토어 직선, 코흐 곡선, 코흐 눈송이를 통해 프랙탈을 배울 수 있습니다.